京茄一号

京茄三号

番茄贴接切削接穗

番茄贴接切削砧木

番茄贴接上嫁接夹

未撤嫁接夹的贴接番茄苗

茄子劈接切削接穗

茄子劈接切削砧木

茄子劈接嫁接时接穗插入砧木

劈接法稼接好的茄子秧苗

嫁接苗放入带有遮阳网的小拱棚中

定植前的贴接番茄苗

春大棚劈接番茄生长状

秋冬茬日光温室贴接番茄生长状

越冬茬日光温室
贴接番茄生长状

日光温室冬春茬
贴接番茄定植

嫁接成活后的茄子贴接嫁接苗

春大棚贴接茄子生长状

春大棚劈接茄子生长状

秋大棚贴接茄子生长状

定植后小拱棚贴
接茄子生长状

处于营养生长期的小
拱棚贴接茄子生长状

小拱棚贴接茄子门
茄坐果期生长情况

定植前的贴接甜椒苗

放入小拱棚的贴接甜椒苗

冬春茬日光温室
贴接甜椒生长状

农业实用技术培训丛书

茄果类蔬菜保护地嫁接栽培配套技术100题

主　编
石克强　张海芳

编著者
冯国平　刘万兴　齐艳花
陈春秀　吴立国　辛树林
杨恩庶　郭忠利　赵光华

顾　问
柴　敏　崔彦玲

金盾出版社

内 容 提 要

本书主要内容包括茄果类蔬菜嫁接、保护地管理的基础知识，番茄、茄子和甜椒的保护地嫁接栽培配套技术以及茄果类蔬菜的保护地病虫害防治技术。全书以问答的形式，详细的解答了茄果类蔬菜保护地嫁接栽培中出现的诸多问题，具有很强的实践性和指导性，可作为农村技术培训教材使用，亦可供菜农及农业院校师生阅读参考。

图书在版编目(CIP)数据

茄果类蔬菜保护地嫁接栽培配套技术100题/石克强，张海芳主编. —北京：金盾出版社，2007.10
(农业实用技术培训丛书)
ISBN 978-7-5082-4681-9

Ⅰ.茄…　Ⅱ.①石…②张…　Ⅲ.茄类蔬菜-嫁接-保护地栽培-问答　Ⅳ.S641.04-44

中国版本图书馆 CIP 数据核字(2007)第150333号

金盾出版社出版、总发行
北京太平路5号(地铁万寿路站往南)
邮政编码：100036　电话：68214039　83219215
传真：68276683　网址：www.jdcbs.cn
彩色印刷：北京精美彩印有限公司
黑白印刷：北京大天乐印刷有限公司
装订：第七装订厂
各地新华书店经销
开本：787×1092 1/32　印张：4.5　彩页：8　字数：90千字
2008年3月第1版第2次印刷
印数：13001—24000册　定价：7.50元

目　录

一、茄果类蔬菜嫁接基础知识

1. 茄果类蔬菜采用嫁接栽培技术的好处是什么？

(1)提高土地利用率 温室大棚连茬种植同类或同一种蔬菜，使土壤病原菌逐年积累而产生连作障碍，严重影响到蔬菜的安全生产。应用嫁接技术，可增强嫁接蔬菜抗逆性，蔬菜嫁接后可以连续种植几茬，从而提高了土地的利用率。

(2)防止病害的发生 土传病害，如黄萎病、根腐病、青枯病、根结线虫等是危害茄果类蔬菜正常生产的主要病、虫害，一旦发病，面临着绝产和换茬的危险。嫁接所用砧木大部分对土传病害具有免疫性或高抗性，因而蔬菜嫁接能有效地防止土传病害的发生，解决重茬连作问题。

(3)提高产量、改善品质 嫁接番茄增产50%以上，嫁接茄子、辣椒增产1～2倍。嫁接砧木大多数是野生茄子、野生番茄及野生辣椒。砧木生长迅速，嫁接后成活率高，嫁接茄子颜色紫黑发亮，品质提高。

(4)提高耐寒、耐热性和耐旱能力 当番茄在低于11℃条件下，茄子低于17℃时，生理活动失调，生长缓慢，生育停止。蔬菜实行嫁接后，因砧木野生性较强，抗御低温、高温的能力强，提高了嫁接后植株的抗逆性。蔬菜嫁接所选用的砧木一般都具有较发达的根系。根的分布范围广，对水分吸收能力强，耐旱能力也大大提高。

(5)砧木根系发达可减少肥料的施用量 砧木的自身营养面积是接穗苗的5～6倍。因此，嫁接苗比自根苗生长旺盛。

砧木有较大的根系，根壮则苗壮，能有力促进嫁接幼苗的生长。因砧木的根系分布广、吸收能力强，能够在较大范围内吸收养分，供给地上部生长的需要，供肥力足，所以从苗期到中后期利用肥料较经济，可减少肥料的用量。

（6）**延长采收期** 由于嫁接苗长势强、整体发育快、生育进程快，可增加蔬菜作物的收获次数。如茄子嫁接栽培，种植一次茄子能收获两季，甚至可以连续收获2～3年。

2. 茄果类蔬菜常用的嫁接方法有几种？

目前嫁接方法较多，但嫁接效率和效果差异较大。下面主要介绍劈接法和贴接法这两种茄果类蔬菜嫁接的常用方法。

（1）**劈接法** 劈接法是在茄果类蔬菜嫁接中应用较普遍的一种方法。这种方法成活率较高，可达90%以上，而且嫁接效率比较高，技术熟练的农民1人1天能接600～800株。茄果类蔬菜苗不易出现空腔，下胚轴较长，比较适合选用劈接法。劈接法接穗的根完全去掉，嫁接接口在植株上部，远离地面，不易造成二次污染。当砧木具5～6片真叶、接穗具4～5片真叶、茎秆半木质化、茎粗3～5毫米时，适宜进行嫁接。嫁接时在砧木距地面高4～5厘米处平切一刀，保留2片真叶，然后在砧木茎中间垂直切入0.6～0.8厘米深。将接穗苗拔下，保留两叶一心，削成0.6～0.8厘米长的楔形，楔形大小与砧木切口相当，随即将接穗插入砧木的切口中，注意对齐接穗和砧木的表皮（至少有一侧对齐），并用嫁接夹子固定接口。

劈接法的砧木与接穗的接触面积较大，比较容易成活，是目前茄果类蔬菜嫁接采用较多的一种方法。

（2）**贴接法** 贴接法是近几年发展较快的一种嫁接方法。这种方法操作简单，成活率较高，可达90%以上。嫁接效率高，技术熟练农民1人1天能接1000～1200株。该法将接穗苗去掉根部，只留上部两叶一心，把茎的下端斜切成30°切面，砧木苗留底部2片真叶，也将茎部斜切成与接穗相反的斜面，尽量将砧木和接穗的切面削成大小一致，将接穗和砧木的切面贴合在一起，夹好嫁接夹即可。贴接法接穗的根完全去掉，嫁接接口在植株上部，远离地面，也不易造成二次污染。

3. 番茄、茄子和甜椒采用劈接法和贴接法嫁接时对砧木和接穗有什么要求？

嫁接育苗要求砧木茎与接穗茎的接口面积大小相近，并且要求秧苗的茎要有一定的高度和粗度。

对接穗苗的要求为茎粗壮、色深，有4～5片真叶，叶片厚、叶色浓绿，生长健壮没有病虫害。

对砧木苗的要求为茎粗壮、叶片厚、叶色深绿，有5～6片真叶，生长健壮没有病虫害。

4. 番茄、茄子和甜椒采用劈接法和贴接法嫁接的操作技术要点是什么？

(1)番茄、茄子和甜椒劈接法操作技术要点(图1)

①起苗　嫁接前1天用喷壶对接穗苗的苗床均匀喷水，冲掉秧苗叶片上的土，再用1000倍多菌灵药液喷洒一遍苗床，起到防病作用。嫁接当天，接穗苗的叶片上没有水珠时，将苗从苗床中连根拔出，用清水洗净，放在消过毒的塑料筐或托盘上，等水干了以后嫁接。砧木苗嫁接当天用1000倍多菌灵药液喷洒即可，等水分干了以后就可以嫁接了。

②砧木苗削接口　将砧木苗从苗床内拿出放在操作台上，在第二片和第三片真叶之间用刀片横切一刀，砧木苗下部

留 2 片真叶，然后在茎的横断面的中间向下垂直劈切一长为 0.6～0.8 厘米的接口。

③接穗苗削接口　接穗苗上面留两叶一心，将接穗苗的茎在紧邻第三片真叶处横切掉，接穗茎下端两面各削一刀将苗茎削成一个楔形，厚度约 0.3 厘米，削面长 0.6～0.8 厘米。尽量与砧木的接口大小接近。

④劈接　将削好的接穗苗接口与砧木苗的接口对准形成层，插入砧木劈口内，使接穗与砧木表面充分接合，接穗苗尽

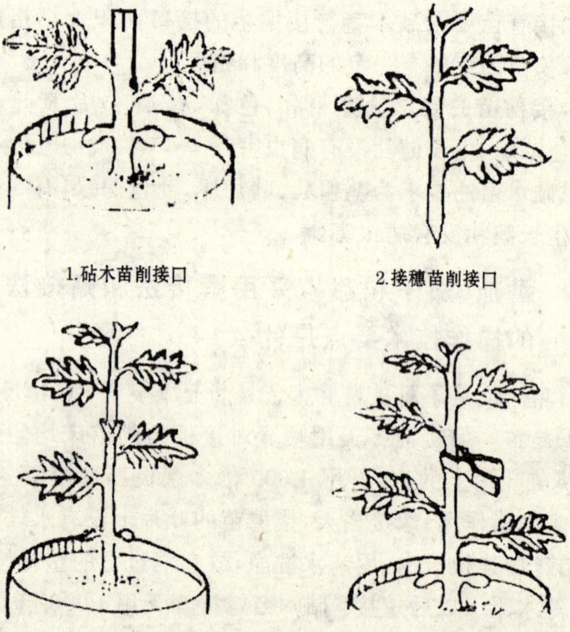

1.砧木苗削接口　2.接穗苗削接口

3.劈　接　4.固定接口

图 1　番茄劈接法示意图

量要插到砧木接口的底部不留空隙，避免产生不定根。

⑤固定接口　对好接口后，用嫁接夹子夹住嫁接部位，放入已经准备好的小拱棚内，再喷 1 000 倍多菌灵药液防止病害发生。

(2)番茄、茄子和甜椒贴接法操作技术要点(图 2)

①起苗　起苗操作同劈接法。

②砧木苗削接口　将砧木苗从苗床内拿出放在操作台上，在第二片和第三片真叶之间用刀片斜切一刀，砧木苗下部留 2 片真叶，切口斜面长 0.6～0.8 厘米。

③接穗苗削接口　接穗苗上面留两叶一心，将接穗苗的茎在紧邻第三片真叶处用刀片斜切成一 30°斜面，斜面的长

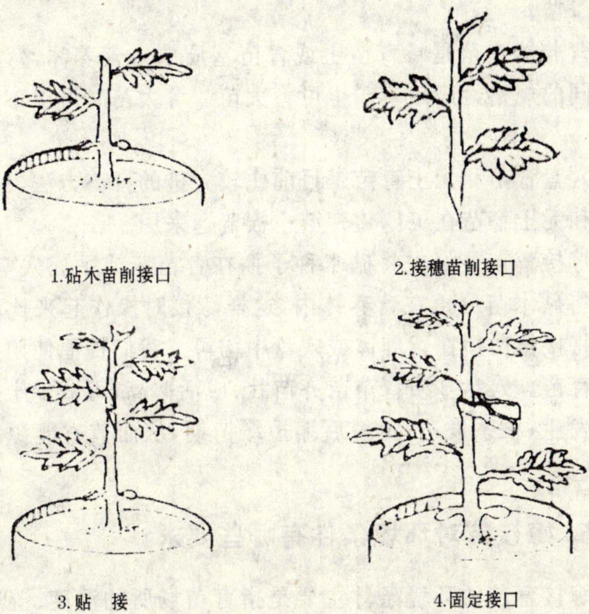

图 2　番茄贴接法示意图

度在0.6～0.8厘米，尽量与砧木的接口大小接近。

④贴接　将削好的接穗苗接口与砧木苗的接口对准形成层，贴接在一起。

⑤固定接口　对好接口后，用嫁接夹子夹住嫁接部位，放入已经准备好的小拱棚内。嫁接后为避免伤口受到病原菌的侵染，再喷1 000倍多菌灵药液防止病害发生。

5. 嫁接育苗的方式有哪几种？

目前育苗方式主要有苗床育苗、营养钵育苗和穴盘有土育苗和穴盘无土育苗等几种方式。

苗床育苗是将蔬菜种子直接播在育苗床内，现在主要用于育子苗。

营养钵育苗是将育苗土或育苗基质放入营养钵，营养钵有不同的规格，可育小苗，也可育大苗。育大苗时可以不用分苗。

穴盘育苗和无土育苗是目前比较先进的育苗方法。穴盘育苗和无土育苗在工厂化育苗中被普遍采用。

嫁接育苗最好先将砧木种子播在育苗床或平底穴盘中，而后将砧木苗分植在营养钵内，这样嫁接时操作起来比较方便。将接穗苗播在营养钵或穴盘中均可。我们提倡使用穴盘基质育苗。穴盘基质育苗苗齐苗壮、成活率高，可减少土传病害的发生，根系发达，定植后缩短缓苗期，从而节省能源和育苗场地。

6. 嫁接苗对环境条件有哪些要求？

嫁接育苗的环境条件主要是指育苗场所的温度、湿度和光照条件。

（1）**温度**　嫁接场地气温白天在25℃～30℃，夜间在18℃～20℃，地温在25℃左右。因为温度过高易造成嫁接苗失水萎蔫，使嫁接苗成活率降低。温度过低影响嫁接苗的伤口愈合，同样会影响嫁接苗的成活率。对于地温达不到的场所，可以采用铺设地热线的方法来提高地温，满足嫁接苗对温度的要求。

（2）**湿度**　嫁接场地空气湿度必须保持在90%以上。因为湿度大有利于嫁接苗伤口愈合，如果湿度小容易造成嫁接苗失水，发生萎蔫，致使嫁接成活率降低。

（3）**光照**　嫁接场地不能被太阳光直射。在嫁接操作过程中一定要注意避免阳光直射，因为太阳直射容易引起嫁接苗失水，导致萎蔫，影响成活率。可以采取在小棚膜上加盖遮阳网的措施，保持散射光照，达到嫁接苗的光照要求。

冬春寒冷季节，最好选晴天早晨嫁接，早晨空气湿度大，不易萎蔫，接后幼苗经历中午的温暖条件，有利于接口愈合。若在阴冷天气或冷空气到来之前嫁接，会因温度低而影响成活。夏天最好选阴天或傍晚嫁接，以免幼苗萎蔫。

7. 为什么要对嫁接场所消毒？

嫁接育苗大多在温室或塑料大棚内进行，温室和塑料大棚因长期栽培蔬菜，自身积累的病菌数量较多，加上嫁接育苗过程中，嫁接场地内有温度适宜、湿度较高，光照不足以及通风不良等适合病菌繁殖和发病的环境因素，病菌的数量多，发病的几率也增高。在嫁接过程中，接穗和砧木的切口为病菌的侵入提供了条件，而在嫁接过程中手工操作环节多也增加了病原菌的传播。因此，嫁接前对嫁接场地以及嫁接用具进行消毒十分必要。特别是在一些病菌数量多的老育苗设施内或栽培时间较长的温室、大棚内进行嫁接，更要注意加强消毒。可以使用广谱性的杀菌剂消毒，如用 1 000 倍的多菌灵或 1 000 倍的百菌清药液对地面、墙面以及空气均匀喷雾。

8. 主要的嫁接用具有什么？

茄果类蔬菜嫁接时所需要的用具主要有：遮阳网、托盘、小喷壶、刀片、嫁接夹、清水、杀菌药剂、木板和板凳等。

(1)遮阳网　覆盖在小拱棚上面，主要起遮荫作用，降低嫁接苗的光照强度，防止失水萎蔫。

(2)托盘　用来搬运砧木、接穗以及嫁接好的嫁接苗。如果没有托盘也可用塑料箱代替。

(3)小喷壶　用来对嫁接苗喷水，防止嫁接苗失水萎蔫。要及时喷水，保持小棚内湿度。

(4)刀片　用来对砧木和接穗进行接口的削切。即一般剃须的双面刀片，嫁接时将其一掰两半，既节省刀片，又便于操作。刀片要经常更换，才能保证切口质量。

(5)嫁接夹　嫁接完成后要用专用的嫁接夹对砧木和接穗的接合部位进行固定。目前市面上销售的嫁接夹有 2 种，一种是圆口嫁接夹，一种是方口嫁接夹。需要注意，如果使用旧嫁接夹，事先要用 200 倍甲醛溶液泡 8 小时消毒。使用前要调整好夹子的松紧度。

(6)清水　嫁接过程中必须保持清洁，因此要用清水随时清洁双手和嫁接用具。

(7)杀菌药剂　一般使用的消毒药剂是 800～1 000 倍的 50％多菌灵或 75％百菌清药液，作为嫁接前后喷施嫁接苗的杀菌药剂。

(8)木板和板凳　木板的作用是搭建嫁接工作台，以便于嫁接操作，提高嫁接的速度。

9. 茄果类蔬菜嫁接时应注意哪些问题？

(1)接穗苗带叶的数量要适宜 一般来讲，生长健壮的茄果类接穗苗有利于嫁接苗的生长和培育壮苗，但如果留叶过多，接穗的失水将增多。砧木苗茎切面供水能力是一定的，接穗苗失水过多时，必然会因水分供应不足而导致接穗失水萎蔫，影响苗的成活率，因此接穗应按嫁接要求留叶，一般为两叶一心。

(2)砧木苗留叶不要过多 砧木苗适量留叶，对提高砧木根系的生长、增强根系的吸水能力、保证嫁接苗成活期间接穗有充足的水分供应以及提高嫁接苗的成活率有一定的帮助。但如果留叶过多，会出现砧木叶片生长偏旺，接穗苗生长受抑制的现象。因此砧木上留叶不要多，一般不超过2片。

(3)要选择合适的嫁接夹子 嫁接夹过松时不易夹牢接口，过紧时则容易将嫁接部位夹伤。适宜的松紧度是能夹住接口，而接穗又不松动、不变形。

(4)接穗苗与砧木苗大小搭配 起苗时要将大小苗分开放，使接穗苗与砧木苗的大小相配，以提高嫁接速度和嫁接质量，有利于嫁接后栽苗，并可减少接穗苗损耗，提高砧木和接穗的利用率。

(5)注意保湿遮阳 嫁接时，应边嫁接，边及时把接好的苗排放进小拱棚内，在拱棚内浇水、保湿、遮荫等。

10. 影响嫁接苗成活的因素有哪些？

(1)砧木与接穗的亲和性 砧木与接穗的亲和性由它们的亲和力来决定。亲和力是指砧木与接穗嫁接以后能否成活，成活以后能否正常生长。因此，砧木与接穗亲和力的高低不仅是影响嫁接成活的首要因素，同时也是成活后的嫁接苗能否正常生长的关键。

(2)砧木和接穗的质量 砧木和接穗生长健壮、养分充足，则愈伤组织形成快而多，有利于成活。所以培育根系发达、茎叶粗壮的适龄砧木与接穗幼苗，对提高嫁接成活率具有非常重要的意义。

(3)砧木和接穗的苗龄 砧木、接穗的苗龄太小，组织太幼嫩，提供养分和抵御伤害的能力都比较弱，不易成活，操作也不方便；如果砧木和接穗苗龄太大，幼苗茎秆的木质化程度高，不利于愈伤组织的形成。因此，嫁接时要选择苗龄适当的砧木和接穗。此外，根据不同的嫁接方法，培育苗龄相宜的砧木和接穗幼苗尤其重要。

(4)嫁接技术及切面结合的紧密程度 嫁接技术，砧木、接穗切面结合的紧密程度是形成愈伤组织和砧木、接穗维管束相互连通的关键。砧木、接穗切面平直、光滑，才能相互紧贴。因此切削时，刀片要锋利，要选择质量好的刀片，避免重复下刀。在对齐砧木与接穗的接触面时，尽量使维管束相对。在用嫁接夹固定时，注意松紧适度。太紧，容易把嫁接部位夹伤；太松，不容易夹稳。

(5)嫁接后的管理技术 嫁接成活率的高低除受以上因素影响外，嫁接后的管理直接关系到嫁接的成活率。环境条件相当重要，在嫁接后一周内必须创造适宜的温度、湿度、光照条件。

11. 采用嫁接育苗时应注意哪些问题？

(1)嫁接育苗要比常规育苗提早播种 嫁接后，砧木与接穗的结合部位需要 8～10 天的时间才能愈合，而且在这 8～10 天当中嫁接苗生长缓慢，育苗时间也要相应加长。因此嫁接育苗的播种时间应比常规育苗提早 8～10 天。

(2)注意保护嫁接苗的接口，避免发生劈裂或折断 嫁接苗的接口一般比较硬脆，容易折断，同时由于砧木与接穗的茎切面只是愈合在一起，容易断开。所以在嫁接苗的管理过程中要轻拿轻放，嫁接夹也不要过早取下。

(3)及时除去接穗长出的不定根和砧木上萌发的侧芽 接穗长出不定根且根扎入地里后，接穗制造的养分将优先供应自己的根系，不利于砧木的生长，嫁接也将失去意义。砧木上容易发生侧枝，由于受亲缘关系的影响，砧木根系吸收的水肥将优先供应自己的侧枝，从而抑制接穗苗的正常生长。所以一旦发现接穗长出不定根或砧木上长出侧枝都要及早抹掉。

12. 怎样判断嫁接苗质量的好坏？

在正常的情况下，一般嫁接后 8～10 天嫁接苗才能完全成活，通常嫁接质量好的苗，在嫁接后 5～7 天就可以转入正常的生长，该类苗通常表现为：心叶色泽鲜绿，心叶发育较快；叶片边缘有明显的生长环，叶片较挺，上午叶片有吐水现象；幼茎明显伸长，并有明显的加粗生长迹象；在高温强光下不易萎蔫。

愈合质量差的苗成活较晚，成活后的长势也较弱。通常表现为接穗的叶片颜色深、不挺；心叶较小，颜色较深，生长缓慢，心叶发育较晚，心叶的叶片较小；在强光或温度偏高的环境下，嫁接苗容易萎蔫。

未愈合到一起的嫁接苗表现为：无心叶长出；早晨观察叶片叶缘没有生长的痕迹；接穗苗茎色深暗无加粗的生长迹象；

在高温干燥的条件下，嫁接苗容易发生萎蔫或枯死。

13. 嫁接苗与自根苗在栽培管理上有什么区别？

（1）浅栽嫁接苗 嫁接苗定植时一定要浅，使嫁接苗的嫁接部位远离地面，避免接穗上长出的不定根扎入土里，而失去嫁接效果。一般要求嫁接部位距离地面 5 厘米以上。

（2）嫁接苗使用高畦或高垄栽培 使用高畦栽培有利于保持栽培畦面良好的通风和光照条件，保持畦面干燥，减少接穗长出不定根的几率；可以避免浇水时，水淹没接口部位，保持接口部位的干燥，减少病菌侵入的机会；充分利用高畦土壤疏松、透气性好的优点，促进砧木根系的生长，发挥嫁接蔬菜高产的优势。

（3）嫁接栽培要求用地膜覆盖 用地膜覆盖能够防止接穗产生不定根，确保嫁接栽培的效果。地膜覆盖能够避免浇水时将接口污染，防止病菌侵染。

（4）嫁接苗容易发生徒长 由于嫁接苗所用砧木的根系比自根苗吸收水肥的能力强，植株的生长势也较强，当田间的水肥供应过大时就容易造成植株徒长，而且不易坐果。解决的方法是要求基肥以有机肥为主，基肥中速效氮肥的使用量要少。基肥要深施、广施。

（5）嫁接苗施肥与自根苗的不同 由于砧木的根系发达，比自根苗吸收水肥的能力强。早熟栽培可使基肥的使用量减少 10%～20%，但主要减少的是速效肥的使用量，有机肥量减少幅度要小。嫁接蔬菜的生长期比较长，结果期也较长，要适当追肥。

（6）嫁接苗要适当稀植 由于嫁接苗的生长势比较强，植株较大，应适当稀植，防止田间过于郁闭，通风不良。一般嫁接苗的适宜种植密度应较自根苗减少10%～20%。

(7)嫁接苗适宜进行再生栽培 由于嫁接蔬菜生长势比较强，根系发达，可以利用砧木的根系优势，促进多次开花结果，延长结果期，增加产量。

(8)嫁接蔬菜的留果量不宜过多 嫁接苗留果过多，叶片制造的养分大量用于果实生长，根系的营养供应不足，生长受到抑制，容易发生早衰。

二、茄果类蔬菜保护地管理基础知识

14. 为什么要对育苗土消毒？常用的消毒药剂有哪些？

由于配制的育苗土所用的大田土、园田土所含的有机肥中含有大量的病菌和害虫虫卵。如果不消毒就直接育苗，容易引起病虫害的发生、出苗不齐和死苗等现象。

(1)常用的消毒药剂

①多菌灵　结合拌制营养土，将多菌灵拌入到营养土中，每立方米使用200克。

②代森铵　用50%的液剂，配制成200～400倍液，每平方米畦面浇灌2～4升。

③40%甲醛溶液　每立方米用200～250克原液，配成100倍液，结合拌土将药液拌入土中，充分混匀后，覆盖塑料薄膜闷2～3天后，撤掉薄膜把营养土翻堆，使甲醛充分散发以后再播种。

在夏季高温季节，可以把营养土放在温室或大棚中，摊开10厘米厚，关闭所有通风口，进行高温闷棚。中午时棚内温度可达50℃～60℃，这样维持7～10天，可以消灭土中的部分病菌。

(2)使用消毒药剂处理时应注意的问题

①用药量要适宜　药量不足，不能达到对营养土彻底灭菌的目的。药量过大，一是增加成本，二是容易产生药害。

②要均匀用药　农药与育苗土要充分混匀，避免农药分

布不均匀而造成灭菌不彻底或产生药害。

③育苗土的湿度要适宜　适宜的育苗土应为半干半湿，即抓起一把土，手握成团，落地后散开。湿度不足时，可用喷雾器喷水，过湿时需摊开晾晒。

15. 如何建造育苗床?

一般来讲，低温干燥期应选用低畦育苗床，高温多雨期应选择高畦育苗床。

(1)冬季育苗床的建造　冬季育苗时育苗床要建在阳光充足，不易积水，易于通风管理的加温温室内。为了提高地温，在有电源的情况下，最好使用电热线育苗。电热线育苗可提高地温，有利于育成壮苗，提高苗的质量，缩短苗龄。它可用于温室、大棚、阳畦等各种设施内苗床的土壤加温。

育苗床的宽度一般在1.2～1.5米，畦埂高10～15厘米，宽20～30厘米。畦面过宽不利于操作，长度根据温室的长度确定。播种床深10厘米，分苗床深12～15厘米，苗床的四周和底部要修理整齐，床底要踩实。有条件的可以在床底铺一层细沙或炉渣。

铺设地热线的方法：先做深15厘米且底面平整的畦床。铺设电加热线时先在苗床的两端按10～12厘米铺线间距，插10～15厘米长的小木(竹)棍。将线按一个方向缠绕。铺线时离炉子近的温室北侧地热线应稀疏一些，温室南部温度较低的地方，地热线铺得密一些。严禁电热线碰在一起。地热线一般在育苗前期使用，后期由于秧苗所需气温和地温降低就可以不再使用地热线了。

铺好地热线后，将配制好的育苗土填入育苗床，育苗土的厚度在10厘米。填好土后，整平畦面，用脚踩一遍，使土紧实一些。在播种的前1天浇水，要把水浇透，打开地热线开关提高地温。如果使用育苗盘或营养钵，在电热线上铺一层细土或细沙将装好土的育苗盘、营养钵直接放在上面即可。

(2)夏季高畦面苗床的建造 将地面整平适当压实，将配制好的育苗土按畦面宽度、长度、厚度整平，用铁锹把四周拍实，浇透水。高畦面苗床上，要建小拱棚，上面覆盖遮阳网降温。

16. 使用营养钵和穴盘育苗时倒苗应注意哪些问题？

倒苗就是将营养钵和穴盘在温室内移动位置，将大小苗、强弱苗位置互相调换。倒苗可使温室内的苗子大小尽量一致，提高秧苗的整齐度；可将大小相近的秧苗放在一起，便于管理；拉断伸出营养钵或穴盘外的根系，增加容器内根的数量。

倒苗时要注意以下几个问题。

第一，将大苗壮苗与小苗弱苗分开排放，互换位置。小苗弱苗一般是所处的位置环境不好，大苗壮苗与小苗弱苗互换位置后，可使小苗弱苗的环境温、湿度合适，促进其生长，而使大苗壮苗的生长受到一定限制。倒苗可调整两者的生长速度，提高秧苗的整齐度。

第二，原地不动的营养钵和穴盘也要原地抬起，将伸出容器外的根系拉断。促进容器内的根系生长，增加根系的数量。

第三，结合倒苗将病苗、极弱苗剔除，拉大穴盘之间的距离，防止苗与苗之间互相遮蔽。

第四，倒苗时应注意轻拿轻放，避免折断枝叶。

17. 苗床内出现“戴帽苗”和“高脚苗”后该怎么办？

(1)“戴帽苗”出现的原因及防治方法　是指种子出苗时没有将种壳留在土内，种壳夹着子叶一起出土。造成“戴帽苗”的主要原因是播种时覆土的厚度不够，或是畦面表土过干。解决办法是选用发芽率高的好种子，覆土较浅时在种子刚刚出土时撒一层细潮土，帮助种子脱壳。如果覆土的效果不好，在上午幼苗出土时，趁种壳湿润柔软时用手轻轻地将种壳拿掉。如果表土过干应在种苗刚出土时，在畦面撒一层潮湿的育苗土或用喷雾器均匀地喷一遍水，增加畦面的湿度。

(2)“高脚苗”出现的原因及防治方法　主要是土壤湿度过大、光照不足以及温度过高。

①要根据育苗季节来确定苗床的浇水量　冬季育苗畦温度偏低，失水较慢，在前期应少浇水或用覆土的方法代替浇水。夏季育苗畦失水快，土壤易变干，应适当多浇水。

②保持苗床充足的光照　育苗时在不降低温度的情况下，应尽量增加光照的时间。充足的光照对抑制秧苗下胚轴的伸长，防止徒长很重要。对播种太密、秧苗过于拥挤的苗床应及早拔去多余的苗子，保持秧苗间合理的间距。

③适当降低苗床的温度　当苗床内有60%～70%的苗子出土后，要适当降低苗床的温度，防止幼苗徒长。

18. 分苗时需注意哪些问题？

(1)掌握好分苗的时机　冬季低温期分苗应选择连续晴好的天气进行。分苗的时间最好在中午前后，此时温度最高有利于缓苗。夏季育苗应将分苗的时间安排在阴天或傍晚进行。

(2)掌握好浇水的时机　冬季低温期采用先栽苗后浇温水的方法，随分苗随浇水，不要浇凉水。高温期分苗时，使用明水分苗的方法，栽齐苗后再浇水，水量要充足。

(3)要带土起苗　起苗时要尽量多带土，以利于缓苗。分苗前畦面比较干时，要先浇一遍水，等床土半干半湿时起苗。

(4)及时栽苗，保护根系　起苗时一次取的数量不要太多，随起随栽。搬运过程中要轻拿轻放，保持土坨的完整。

19. 定植之前为什么要炼苗？怎样炼苗？

(1)炼苗的目的　炼苗是利用幼苗对环境变化的适应能力比较强的特点，改变苗子的生长环境，对幼苗进行低温、干旱、多风等方面的适应性锻炼。炼苗的主要目的是增强苗子定植后对不良环境的抵抗力，为定植后的早发棵、早缓苗奠定基础。由于栽培环境与育苗环境存在着比较大的差异，如果不进行炼苗而直接将苗子从苗床移栽到栽培环境中，往往由于栽培环境不良，而延缓缓苗时间，严重时甚至会造成死苗。因此在定植前进行抗逆性锻炼，对增强苗子对不良环境的适应能力是十分重要的。

(2)低温期炼苗　低温期培育的幼苗主要用于早春栽培。根据早春低温、干燥、多风的特点，此期应围绕着增强苗子的耐低温能力、耐干燥能力和抗风能力进行炼苗。

①适当降温炼苗　一般在苗子定植前1周左右开始炼苗。炼苗时把苗床的温度白天降至20℃左右，夜间在保证不受冻的情况下，应尽量降低温度，一般可降至5℃～10℃，苗床温度的降低要逐步进行，不可突然降低很多，以免秧苗受冻害。

②耐干燥锻炼　耐干燥锻炼采取的主要措施是停止对苗

床浇水或减少苗床浇水，加强苗床的通风管理。低温期育苗，苗床的温度不高，浇水后往往苗床内容易长时间保持较高的湿度，所以低温期炼苗时，苗床不是十分干旱一般不要浇水。如果炼苗前苗床控水较重，苗床发生干旱可浇1次小水。此期适宜的土壤湿度要求是苗床多干少湿或见干不见湿。

炼苗阶段的通风量要大，在不影响苗床温度的情况下应尽量开大通风口，延长通风的时间，当苗床外的温度已高，不会对秧苗产生伤害时，要及早撤掉保温覆盖，让秧苗完全进入与定植环境一致的条件下。

20. 保护地生产遇到阴雪等灾害性天气时该怎么办?

(1)雪天应对措施 雪天气温一般在0℃以下，小雪在雪后要及时清雪，大雪要在雪后立即除雪，防止大雪压坏棚膜和棚架。下雪时间长，不能一整天不卷苫，要在中午卷苫1～2米高，让室内见光1～2小时。在降雪天气温不太低时，尽量卷起草苫，让雪直接落在棚膜上，便于清扫，棚膜上积雪也有一定的保温作用。雪过后及时清扫并放苫子保温。

(2)低温阴天应对措施 阴雪天温度下降，要尽量增加揭苫时间，让棚室的植株接受散射光。雪天棚内气温只要在最低极限以上，果菜类室内温度8℃～10℃时，就不要加温。久阴骤晴应逐渐卷苫，让棚内缓慢升温，逐渐恢复根系吸收能力。因为久阴时，作物根系吸收力下降，骤晴后苫子揭到顶，室温升得太快，叶面蒸腾加大，造成生理失调，根系吸水满足不了叶片蒸腾的需要，出现叶片萎蔫，严重时缓不过来，造成植株死亡。

(3)大风天气预防措施 进入3～4月份，马上就进入春季大风期间。要检查加固好大棚的压膜线，修补开口破损的棚膜。在温度不太高的情况下，关闭通风口。要特别注意：在棚膜被刮坏严重的情况下，即使到了5月下旬，外界温度已经适合作物生长，也不得撤下棚膜。因为作物长期适应了高湿的棚室条件，若进入露地会造成叶片失水而枯干，严重时导致减产。

21. 保护地二氧化碳吊袋式施肥的作用是什么？有哪些注意事项？

(1)保护地二氧化碳吊袋施肥的作用　定植缓苗后即可吊挂使用，壮苗效果显著，茄果类品种在开花坐果初期吊挂，可提高坐果率，促进果实早熟，增加产量。

(2)二氧化碳吊袋式施肥要注意以下几点

第一，吊袋式二氧化碳气肥的二氧化碳释放量随光照和温度的变化而变化，光照强、温度高时，释放量多，反之释放量减少。夜间棚内温度低基本不释放二氧化碳。

第二，使用吊袋式二氧化碳气肥期间，需要通风时，最好开上通风口通风，不能开下风口或同时开上、下风口通风，防止二氧化碳外逸，影响使用效果。二氧化碳气体比重较大，往下飘落。

第三，将吊袋式二氧化碳气肥挂在植株生长点的上方，距离地面2米左右的棚梁上，距离生长点20厘米。枝叶不要与吊袋接触。

第四，使用吊袋式二氧化碳气肥期间，切勿使用未经发酵的有机肥。遇阴、雨、雪天气，禁止使用化肥、浇水。

第五，大棚内如使用蜜蜂等昆虫授粉时，不要将蜂箱放置在吊袋正下方。

三、番茄保护地嫁接栽培配套技术

22. 如何选择适宜的番茄砧木品种？常用的砧木品种有哪些？

(1)选择适宜的番茄砧木

①要根据所预防的病害种类来确定砧木的类型　一般来说，凡是抗番茄青枯病的砧木往往不抗番茄根腐病，反过来，抗番茄根腐病的砧木则往往不抗番茄青枯病。因此要根据当地的主要土传病害种类确定所选择的砧木类型及品种。

②要根据番茄栽培的季节来确定砧木的类型　就番茄两种土传病害的发生条件来看，青枯病主要发生在高温期，而根腐病主要发生在低温期，两种病害很少同时发生。因此高温期栽培的番茄应尽量选择抗青枯病的砧木，低温期栽培的番茄应尽量选择抗根腐病的砧木。

③要选择对番茄果实影响小的砧木　一般来讲，砧木的生长势越强，就越容易产生畸形果和空洞果。野生番茄与栽培番茄的杂交一代砧木往往在抗病性和生长势等方面表现出明显的优势，但却存在着容易引起番茄旺长以及导致果实畸形等问题，选择时要注意。

(2)常用的番茄砧木品种

①果砧1号　北京蔬菜研究中心最新培育的番茄、茄子砧木品种。具有对枯萎病、黄萎病、根结线虫病、烟草花叶病毒病(TMV)和叶霉病的复合抗性，根系发达，生长势强。

②BF兴津101　该品种抗番茄青枯病和枯萎病，对番茄

品质的影响小。但不抗根腐病，也不抗根结线虫病，生长要求的温度较高；温度较低时，种子发芽以及幼苗初期的生长比较缓慢。

③PNF　该品种较耐番茄青枯病、枯萎病和根结线虫病，对番茄果实品质的不良影响也较小，但不抗番茄根腐病，对温度的反应比较敏感，种子出苗要求高温，温度偏低对幼苗生长不利。

④KVNF　该品种对枯萎病、根结线虫病均有较强的抗性。此砧木的生长势比较强，容易引起番茄徒长，对番茄的品质也有一定的影响。

23. 适宜保护地栽培的番茄品种有哪些？

不同的茬口安排要选择不同的品种。

冬茬生产的番茄整个生育期大部分都处于气温低、光照弱的冬季，应选择耐低温、耐弱光、耐高湿、抗逆性强的品种。

春早熟栽培的番茄品种，应选择在低温弱光条件下坐果率高、果实发育快的品种。

秋延后番茄栽培是夏天播种，秋末冬初采收，生育期限制在夏秋、初冬季节，采收期短，应选用具有耐热、抗病毒病、硬果肉型耐贮运的品种。

(1)金棚一号　该品种叶稀、果大、肉厚、早熟、抗病，是适宜日光温室、大棚栽培的品种。属高秧无限生长粉果类番茄，植株生长势中等，开展度小，叶片较稀，茎秆细，节间短，主茎第七节着生第一花穗，以后每隔三叶或两叶着生1个花穗。果实高圆形，似苹果，未成熟果无绿肩，成熟果粉红鲜亮，果面较光，基本无棱沟或略显浅棱沟，单果重250克左右。肉硬，耐贮运，适合在长途运销蔬菜基地栽培。

高抗叶霉病，抗烟草花叶病毒，较耐枯萎病，发霉病、晚疫病发病率低。不易产生筋腐病。

（2）硬粉 8 号　由北京市农林科学院蔬菜研究中心最新育成的粉果硬肉型番茄新品种，该品种特点为无限生长，花序紧凑，中熟偏早，比 L402 提早成熟 5～7 天。果形周正，以圆形和稍扁圆形为主，未熟果显绿果肩，成熟果粉红、色浓，果大均匀，果肉硬，果皮韧性好，耐运输，抗病性强，叶色浓绿、不早衰。高抗叶霉病，抗番茄花叶病毒，适合在大棚栽培。

（3）绿亨 108 金樽

①生长势强健　无限生长类型，可连续坐果达 8～10 穗。茎秆粗壮，根系发达，叶片偏短，叶量较稀，光合效率高。

②耐低温弱光　在冬春季低温弱光环境下坐果率高，很少有畸形果和裂果，果实膨大性好，果脐小，无脐疤。

③商品性和贮运性好　果实高圆光滑，似苹果，成熟果粉红鲜亮，无绿肩，果面光溜，果肩基本无棱沟或略显浅棱沟，外观漂亮且口感好，单果重 250 克左右，皮厚肉硬，耐贮运，货架期长，适合于长途运销蔬菜基地栽培。

④综合抗性好　高抗病毒病、叶霉病，较耐枯萎病，不易产生筋腐病。

（4）蒙特卡罗

第一，属无限生长类型，株型紧凑，叶片稀疏，适合在保护地弱光栽培。

第二，熟性早，光合效率高，果实膨大快，坐果能力强。

第三，果实颜色粉红，外形美观，色泽鲜艳，果形高圆，无绿肩。

第四，前期产量高，果实均匀，单果重 250～350 克，可提早上市。

第五，果肉厚，硬度优秀，极耐贮运，货架寿命长。

第六，高抗病毒病、叶霉病和枯萎病。

（5）仙客一号 是北京市蔬菜研究中心研制的粉色抗线虫专用番茄杂交品种。植株为无限生长型，主茎 7～8 片叶时着生第一花序，中早熟。未成熟果显绿果肩，成熟果粉红色，果形周正为圆形或稍扁圆形，品质优，口感风味好。属大型或中大果型品种，单果重 180～200 克。果肉较硬，耐贮运，具有对根结线虫、病毒、叶霉和枯萎病的复合抗性。

（6）中杂 8 号 是中国农业科学院蔬菜花卉研究所选育的适宜保护地和露地栽培的番茄新品种。该品种中熟偏早，植株属无限生长型，果实圆形、红色，畸形果和裂果少，果面光滑、外形美观，单果重 200 克左右，果实较硬，耐运输。中杂 8 号番茄抗烟草花叶病毒病，高抗枯萎病，丰产性好，每 667 平方米产量可达 5 000～7 000 千克。

24. 番茄播种前的准备工作有哪些？

（1）准备高质量的种子 种子质量的好坏直接关系到种子发芽率和出苗整齐度的高低。高质量种子种色亮泽，种粒饱满，发芽率合格。

番茄种子的千粒重为 2.5～4 克，按每 667 平方米（1 亩）定植 3 000～3 500 株计算，加上一定的安全系数，每 667 平方米用量在 15～20 克。

（2）种子消毒和浸种催芽 对种子消毒处理，可以避免种子在发芽过程中出现烂种、缺苗现象，减少苗期发病。浸种催芽，能够缩短种子的发芽时间，减少种子发芽过程中营养消耗，减轻种子染病，有利于培育壮苗。结合浸种可以进行激素处理。由于嫁接育苗所用砧木大多是野生品种，发芽困难，用激素处理后，可以加快种子的发芽速度，提高种子的发芽率和发芽势。结合催芽进行变温处理，提高种子的发芽整齐度。

切忌将干种子直接播在育苗床上，造成种子发芽不整齐，出苗时间长，病害严重。因此在播种之前一定要进行种子的浸种催芽处理。

(3)营养土配制与商品育苗基质处理

①*营养土配制要求*　营养土是幼苗生长发育的基质，其质量优劣直接关系到幼苗苗期生长状况及幼苗质量。为此对营养土的要求是：疏松肥沃，有较强的保水性、透水性，通气性好，无病虫卵，土壤中性或偏酸性。营养土因地制宜，就地取材来配制。基本材料是没有种过茄果类蔬菜的 5 份园田土，加 5 份充分腐熟的有机肥充分混合均匀，加复合肥料每 667 平方米 1 千克及育苗素。无土育苗：按蛭石 1 份加草炭 3 份配制，另外每 667 平方米加 1.5 千克含氮、磷、钾复混肥（25%含量以上），加上广谱性杀菌剂，再加适量的微量元素。注意，在配制时要充分混合均匀，细碎。

②*商品育苗基质*　商品育苗基质中含有幼苗所需的各种营养成分，不用再配制，是理想的育苗基质。使用商品育苗基质时，首先应对操作场地进行整理和消毒，如果不是水泥场地则应铺塑料布。混合时先将基质与杀菌剂混合均匀（杀菌剂使用百菌清、多菌灵、甲基托布津等广谱性杀菌剂）。基质先加入水充分搅拌均匀，加水数量掌握在用手轻握成团，指缝间有滴水即可，装盘前应把准备好的基质用塑料布盖好闷 4～6 小时，让水充分渗透基质。然后将混配好的基质装入营养钵或穴盘中，码放一定高度备用。

(4)建造育苗床　育苗床常用的有低畦面和高畦面 2 种苗床。低畦面苗床主要用于冬季低温期育苗，高畦面苗床主要用于夏季高温期育苗。

25. 番茄播种时容易出现哪些问题？应如何解决？

(1)浇水不均 主要是畦面不平，高的地方水量偏少、渗水不足。低的地方积水较多、渗水量较大，湿度大。解决的方法是提高育苗床的质量，使畦面平整。育苗畦的大小要适宜，育苗畦过宽或过长都不利于浇水均匀。

(2)种子被湿泥包裹，导致通气不良发生烂种 解决的方法是在浇水后畦面上均匀地撒一层过筛的干细育苗土，待水将育苗土洇湿后播种。

(3)播种不均匀 由于茄果类蔬菜种子相对较小，催芽后种子较湿不易散开。解决方法是将催芽后的种子放入适量干细土或干细沙中充分混匀再播种。

(4)覆土不均匀 覆土不匀主要是由于手工覆土，覆土量难以掌握和覆土范围较窄造成的。覆土尽量由一个人完成，或采用筛子覆土，以提高覆土的质量。

26. 如何培育健壮的番茄砧木苗与接穗苗？

培育健壮的番茄砧木和接穗苗应掌握好以下几个环节。

(1)种子处理

①消毒处理 番茄种子容易携带病菌，引起烂苗和苗期病害。播种前要对种子进行灭菌处理。常用的消毒液有：稀释1 000倍的0.1%高锰酸钾药液可以预防细菌性病害；稀释100倍的2%氢氧化钠药液、10%的磷酸三钠药液可以钝化番茄花叶病毒。消毒方法是先用温水把种子浸泡2小时，再用药液浸泡20～30分钟后，用清水反复冲洗，将种子上的残留药液洗干净。

②浸种处理　种子经消毒处理后，进行温汤浸种，用53℃～54℃的热温水浸种20～30分钟。具体做法是：将烧水用“热得快”插入一盆水中，并在水中插一支温度计，当水温达到55℃左右时将种子放入水中，不断搅拌，同时还要加入适量开水，以使水温维持在52℃～55℃，温汤浸种20～30分钟，能将种子表面大部分的病菌杀死。之后用28℃～30℃的温水浸种4～5小时。浸种后捞出种子催芽。

③激素处理　番茄砧木多属于野生番茄，种子发芽率低，发芽时间也比较长，为促进其发芽播种前应对种子进行处理。一般用100～200毫克/升的赤霉素浸种8～10小时，捞出种子后再催芽。催芽之前一定将种子反复冲洗，把赤霉素液完全洗掉。

④催芽处理　浸种后将种子捞出，放在干净的湿毛巾或纱布上包好，包裹种子时要使种子保持松散状态，以保证氧气的供给。番茄种子的适宜催芽温度为25℃～30℃，每天用干净的温水冲洗一遍种子。当大部分种子破嘴露出白色胚根就可进行播种。

（2）播种　根据不同砧木品种具体要求来决定砧木播种的时间。野生型砧木，前期生长缓慢，要比接穗提前播种20～30天，栽培型番茄砧木一般要比接穗提早播种5～7天。

将催好芽的种子播在装好营养土的盘或育苗床中。在播种前1天下午先将盘洇透，以盘下渗出水为宜。育苗床也要将床土浇透，使8～10厘米的土层含水量达到饱和。第二天上午播种。这时地温已提高，将发芽的种子和适量过筛细潮土拌匀后撒播。播种后，将育苗盘盘面均匀覆盖一层厚8～10毫米的育苗土。注意覆土的深度要一致，避免覆土深出苗不齐；覆土浅戴帽出土，影响幼苗生长和整齐度。用地膜将所有育苗盘盖严，保温保湿。夏季播种后在育苗盘上支小拱棚，小拱棚上遮盖遮阳网以降温。

(3)播种后苗床管理

①温度管理　番茄是喜温蔬菜，发芽出苗期需要高温。种子发芽的适温在25℃～30℃，最低温度保持在20℃以上。当有60%～70%苗子出来后，应将地膜撤掉，降低温度。幼苗期的适温白天为20℃～24℃，夜间为13℃～15℃。苗床温度不低于14℃，地温也不能过高。这时期幼苗处于下胚轴伸长快的时期，如果不适当控制温度，特别是夜温高，易形成高脚苗。最好保持昼夜温差达到8℃～10℃。遇到阴雪天气，白天温度降低，夜间也应适当降低温度，使昼夜温差在5℃～6℃。防止弱光照和高夜温造成幼苗徒长。

②通风管理　以开顶风口方式调节温度，降低畦面湿度。通风应逐渐由小到大，避免冷空气直接吹到苗子，造成闪苗。

③水分管理　一般浇足播种水后覆盖地膜保湿，出苗期不用浇水。如果用育苗盘或育苗钵育苗，土层容易干，可适当补充一定量的温水，以保证幼苗的生长。分苗前1天下午要浇水，使第二天分苗时水分充足。

④覆土　在种子刚拱土呈拉弓状时，用过筛的细潮土均匀覆盖，防止戴帽出土。等到种子出齐，撤掉地膜之后，无露水时，进行第二次覆土，以弥合种子出土时形成的细缝，防止畦面干裂。根据畦面的湿度来确定所覆土的干湿程度，畦面干则覆湿土，畦面湿则覆稍干的细土。

⑤间苗　因撒播会造成出苗不均匀，需及时间苗。间苗时将子叶不正常的苗、无真叶苗、病苗、弱苗拔掉。

⑥分苗　砧木番茄苗在两叶一心时分苗。把砧木苗分到9厘米×9厘米的营养钵中。冬季分苗时应注意选择在晴天进

行，分苗后及时浇足水，并加扣小拱棚，以保温保湿，促缓苗。分苗后1周内，应适当提高温度，以利于缓苗。白天温度保持在25℃～28℃，夜间16℃～18℃。缓苗以后适当降低温度，白天20℃～25℃，夜间在12℃～15℃。当砧木苗长到5～6片真叶，接穗长到4～5片真叶，就可以嫁接了。

27. 番茄嫁接后至定植前如何管理？

(1)番茄嫁接后的管理

①温度管理　嫁接后的头3天白天温度在25℃～27℃，夜间17℃～20℃，地温在20℃左右；3天后逐渐降低温度，白天23℃～26℃、夜间16℃～18℃；10天后撤掉小拱棚转入正常管理。

②湿度管理　嫁接苗成活阶段是从嫁接开始至心叶开始明显生长，此阶段要特别把握好湿度管理。嫁接后头3天小拱棚不得通风，湿度必须在95%以上，小拱棚的棚膜上布满雾滴。湿度不够可采取地面喷水的方法提高湿度。嫁接3天以后，必须把湿度降下来，要保证小拱棚内湿度维持在75%～80%。每天都要通风排湿，防止嫁接苗床内长时间湿度过高造成烂苗；不要将水滴抖落在苗上，小拱棚要做成拱圆形。苗床通风量要先小后大，通风量以通风后嫁接苗不萎蔫为宜，嫁接苗发生萎蔫时要及时关闭棚膜。在通风时间上，要先早、晚，渐至中午，当嫁接苗不再出现萎蔫时，即可以撤掉小拱棚，全天通风进行正常管理。

③光照管理　遮阳管理，嫁接后3天内要求散射光照。白天用遮阳网覆盖小拱棚，避免阳光直射小拱棚内。嫁接后头3天要以遮阳为主，上午10时至下午4时都要进行遮阳，早、晚适当见光；嫁接后4～6天，见光和遮阳交替进行，中午光照强

时遮阳，同时要逐渐加长见光时间，如果见光后叶片开始萎蔫就应及时遮阳；以后随嫁接苗的成活，中午要间断性地见光，待植株见光后不再萎蔫时，即可去掉遮阳网，10 天后去掉小拱棚转入正常管理，去除嫁接夹的同时，及时抹除砧木上萌发的枝芽。

(2)嫁接番茄苗成活后到定植前的管理 当嫁接苗的心叶开始生长，表明嫁接苗已经成活，进入正常管理阶段。这时要注意温度不要忽高忽低，及时去掉砧木侧芽，用 50%多菌灵 500 倍液喷洒畦面预防苗期病害的发生。应适当降低温度，白天控制在 22℃～27℃，夜间温度保持在 15℃左右。水分管理以营养钵表土见干见湿为原则，既不能浇水过多，也不能过分干燥。当发现表土已干，中午秧苗有轻度萎蔫时，要选择晴天的上午适量浇水，水量不宜过大。定植前 5～7 天，要加强通风，降低温度炼苗，夜间温度降至 8℃～10℃，使苗子敦实健壮以适应定植后的棚室环境。

28. 番茄什么时期插架？可以使用哪些插架方法？

鲜食番茄的植株多为半匍匐性，需要插支架栽培，否则植株易倒伏，不仅妨碍田间管理，而且不利于通风透光，影响光合作用，且易发生病害。一般在第一穗花开放前，就应该插架。冬春茬日光温室采用人字架或直立架，留四五穗果以上时，采用尼龙绳吊蔓为好。

(1)人字架 人字架是在每株番茄根部外侧竖着插一根竹竿，将同一畦上相对的两株番茄竹竿顶部系在一起，形成一个人字。当一个畦的竖竿全部插完后，用一根横向竹竿把所有人字竿上部连接在一起。

（2）直立架　直立架是在每株番茄根部外侧插一根竖的竹竿，将每一行的番茄竖竿用横竿相连后，再用横竿将相邻两行的番茄固定，以增加牢固性，更有利于通风透光。

（3）吊绳　在每个栽培畦上方沿栽培畦的走向拉一道铁丝，铁丝的南端绑在拉杆上；在温室北部东西向拉一道铁丝，栽培畦北端的铁丝可绑在这道铁丝上。铁丝上绑尼龙绳，每株番茄绑一根，尼龙绳的下端绑在植株的基部，番茄植株的茎蔓缠绕在绳子上。番茄生长速度快，要及时绕蔓，绕蔓时一手捏住绳子一手抓住番茄茎蔓，按顺时针方向缠绕。吊绳尽量拉紧，避免植株倾斜。

29. 番茄如何绑蔓、打杈和整枝？

（1）绑蔓　插架后，进入开花期进行第一次绑蔓，绑在花穗之下，起到支撑果穗的作用。绑蔓时注意将花朝向走道的方向，花穗不要夹在茎与架竿之间，以便以后进行蘸花和摘果。绑蔓时，不能过紧，以能插进手指为宜，为茎以后生长留有余地，否则茎长粗时会受伤。每一穗果实下面都要绑一道蔓。如果植株徒长，可将蔓绑紧些，可抑制其生长。

（2）打杈　番茄茎叶茂盛，侧枝发生能力强，生长速度快，摘除叶腋中长出的多余的、无用的侧枝，就是打杈。定植后植株上的侧枝，应当尽量让其长大一些再打杈。因为刚定植的植株根系比较小，晚打杈有利于根系的发育。当侧枝长到8～10厘米长时，将其打掉。还要根据植株的长势打杈，生长弱的要晚打，长势强的要早打。打杈时要轻推轻掰，避免将茎的表皮撕破，造成伤口，从而给病菌入侵创造条件。

（3）整枝　为了调节番茄的营养生长和生殖生长的平衡，需要对番茄整枝，以便使养分集中到果实中去，增强植株的通风透光，促进果实的早熟和高产。番茄的整枝方法主要有以下几种。

①单干整枝法　单干整枝法是目前番茄生产上普遍采用的一种整枝方法。单干整枝每株只留 1 个主干，把所有芽、侧枝都陆续摘除打掉（即打杈），主干也在具有一定果穗数时摘心（即打尖）。单干整枝法植株枝叶少，适于密植、早熟栽培。但是单干整枝每 667 平方米用苗数多，用种量较大。单干整枝法可在留 4～8 穗果实后，在最后一穗果上面留 2 片叶摘心。

②连续摘心整枝法　当主干第二花序开花后留 2 片叶摘心，留下紧靠第一花序下面的 1 个侧枝，其余侧枝全部摘除，第一侧枝第二花序开花后用同样的方法摘心，留下 1 个侧枝，如此摘心 5 次，共留 5 个结果枝，可结 10 穗果。每次摘心后，要扭枝，使果枝向外开张 80°～90°角，以后随着果实膨大、重量增加，结果枝逐渐下沉。通过多次摘心和人为的扭枝可降低植株高度，有利于养分的集中运输，但扭枝后植株开张度大，需减少密度，靠单株果穗多、果实大来增加产量。

③双干整枝　双干整枝是在单干整枝的基础上，除留主干外，再选留 1 个侧枝作为第二主干结果枝，故称双干。将其他侧枝及双干上的再生枝全部摘除。第二主干一般应选留第一花序下的第一侧枝。双干整枝的双干管理即所留第二个结果枝的管理，分别与单干整枝法的管理相同。这种整枝方式可以增加单株结果数，提高单株产量，但早期产量和总产量以及单果重量均不及单干整枝。这种整枝方式适用于土壤肥力水平较高的地块和植株生长势较强的品种，双干整枝用种量可比单干整枝减少一半。

④改良式单干整枝法　又称一干半整枝法。对主干单干式整枝的同时，保留第一花序下面的第一个侧枝，待其结 1～

2穗果后留2片叶摘心。该整枝法兼有单干整枝法和双干整枝法的优点。

(4)整枝注意事项

第一,对于病毒病等有病植株应单独进行整枝,避免人为传播病害。

第二,第一花序下的侧枝及其他侧枝,即使不留作结果枝,也不宜过早打掉,一般应留1～2片叶,用来制造养分,辅助主干的生长。如果影响通风透光时,应及时摘除。

第三,打杈摘心应选晴天进行,不要在雨天或露水未干时进行,以利于伤口愈合,防止病原菌感染。

30. 造成番茄落花落果的原因是什么?

(1)气温偏低 番茄开花期对温度反应敏感,尤其开花前5～7天和开花后2～3天,要求白天气温在20℃～28℃,夜间气温在14℃～16℃,钾、硼、锌等决定花粉管伸长的元素供应不足,会使花粉管变粗变短,影响授粉受精而落花。

(2)室温过高 室温白天高于35℃,夜间高于20℃,或白天40℃以上持续4小时,尤其在开花前5～9天出现这种情况,容易造成落花落果。

(3)高湿落花 越冬期外界气温低,不便通风,空气湿度大于85%,花粉粒湿润吸水,不能正常从花粉囊中散出,影响授粉而落花。

(4)干旱落花 干旱缺水花粉粒干瘦,花粉管细弱,营养吸收受阻,光合作用受抑制,花器会脱水干枯而导致落花落果。

(5)光照不足 番茄在开花授粉期间,如果遇到连续阴天,光合作用就会减弱,碳水化合物供应不足,使雌蕊萎缩或花粉生命力降低而引起落花落果。

(6)病害落花 越冬和早春茬番茄灰霉病、菌核病、晚疫病等和夏秋茬番茄的病毒病，会破坏叶子的光合作用或减少光合产物，使植株因营养供应失调而造成落花落果。

31. 如何正确对番茄催熟？

利用乙烯利催熟，在早春和晚秋都可以进行，早春使用能使果实早熟，增加前期产量，提高产值；晚秋使用可促使不成熟或半成熟的果实早成熟，提前上市。处理方法分喷洒、涂果和浸果3种。

(1)喷洒 用800～1 000毫克/升的乙烯利水溶液，在果实正常成熟前10天喷2次，中间间隔5～7天，只喷果实，不易产生药害，能促使果实转红。

(2)涂果 在成熟前7天，用毛笔或棉团蘸药液涂果。如果只涂果面，使用浓度为1 000毫克/升的乙烯利，涂萼片附近的部分果面，使用浓度为4 000毫克/升的乙烯利。

(3)浸果 把处在转色期的果实摘下来，用2 000～3 000毫克/升的乙烯利水溶液浸泡10～30秒钟，然后置于25℃左右的温度下，可使果实提早转红5～7天。

(4)一点红涂抹 目前较为方便的催熟方法是用一点红点果柄。在果实由绿转白阶段，用一点红涂抹果柄一次即可达到催熟效果。

32. 如何安排北方地区番茄保护地栽培的茬口？

种植番茄的保护地主要有日光温室、塑料大棚、还有一小部分加温温室。日光温室栽培番茄的主要茬口是秋冬茬和冬春茬，秋冬茬播种时间为8月中旬，定植时间在10月上旬，苗龄在50天左右。冬春茬的播种时间在12月上中旬，定植时间在2月中下旬左右，冬春茬苗龄在60～70天。

塑料大棚主要分为春秋两茬。春茬播种时间在1月中下旬，定植时间在3月中下旬，苗龄在60～70天。秋茬播种时间在6月下旬至7月上旬，定植时间在7月下旬至8月上旬，苗龄在25～30天。日光温室也可以进行秋冬春一大茬生产，9月上中旬播种，10月下旬至11月上旬定植，进行越冬生产（表1）。

表1　北方地区保护地嫁接番茄茬口安排

栽培茬口	播　期	定　植	始收期	拉秧期
日光温室秋冬茬	7月中下旬	8月下旬～9月上旬	10月上旬	1月上旬
日光温室冬春茬	12月上中旬	2月中下旬	4月上旬	6月下旬
日光温室越冬茬	9月上中旬	10月中下旬	1月上旬	6月下旬
塑料大棚春茬	1月中下旬	3月中下旬	5月中下旬	7月中旬
塑料大棚秋茬	6月下旬～7月上旬	7月下旬～8月上旬	9月下旬	11月中旬

33. 日光温室冬春茬番茄如何培育壮苗？定植前应做好哪些准备工作？

（1）日光温室冬春茬番茄的壮苗培育

①品种选择　日光温室冬春茬番茄苗期和生长前期处于低温、日照少的条件下，植株生长缓慢，苗龄长，易发生低温危害，对花芽分化不利，所以选择品种时要选择无限生长型、耐低温、弱光、耐高温和不易徒长的品种。

适宜日光温室冬春茬栽培的番茄品种有改良仙客一号、

金棚一号、蒙特卡罗、绿亨108金樽、中杂8号等。

②播期的确定　适宜的播种期取决于定植期。定植期在2月中下旬，因品种差异一般要求播种期比定植期提前60～70天。采用嫁接育苗，还要提前10天左右。日光温室冬春茬番茄的播种时间在12月上中旬。

③播量的确定　冬春茬番茄每667平方米定植2 500～3 000株，番茄种子千粒重在2.5～4克。按80%的出苗率，加上50%的损耗率，每667平方米播种量在10～15克。

④育苗场所　由于育苗的前期正处于严冬季节，所以一定要选择有加温设备的温室作为育苗场所，有条件的话，最好使用电热线育苗。冬季育苗应该进行种子处理，如消毒、浸种催芽等措施，以减少病害的发生。播种时选在晴天的上午进行，一般采用撒播的方式，播后覆土并覆盖地膜保温保湿。幼苗出土至真叶长出来之前温度要求，白天不超过24℃，夜间要防止低温危害，以13℃～15℃为宜。最低不低于10℃，不高于15℃。昼夜温差在8℃～10℃有利于培育壮苗。两叶一心时分苗，分苗后温度升高，白天25℃～28℃，夜间12℃～15℃。缓苗后温度降低。如遇连阴天气，不浇水或少浇水，避免沤根。用营养钵和育苗盘分苗的，要倒苗。使用分苗床时要切坨囤苗，使秧苗大小一致。定植前低温锻炼，白天温度降到20℃左右，夜间降至8℃～10℃。降温要逐步进行，不能一步到位。

(2)日光温室冬春茬番茄定植前的准备工作　冬春茬番茄是继秋冬茬蔬菜之后栽植的，所以秋冬茬蔬菜一定要及时腾地，收获后及时清理地面，深翻2遍土地，以利提温。嫁接番茄由于生长势比较强，有机肥一定要施足。每667平方米施入6 000～8 000千克腐熟的有机肥后，再整地。施基肥最好采用集中沟施。为促进根系向纵深方向伸展，要求深翻30厘米，耙碎整平后做畦。做畦一般做成小高畦，畦高在20厘米左右，为方便浇水，可以在高畦中间开一小沟，畦上覆盖地膜。浇水变成膜下暗灌，可降低棚室内的空气湿度，减少病害的发生。

34. 日光温室冬春茬番茄如何定植？定植后如何管理？

(1)日光温室冬春茬番茄定植技术 日光温室冬春茬番茄的播种时间在12月上中旬，定植时间在2月中下旬，冬春茬苗龄在60～70天。当温室内夜间温度稳定达到10℃时即可定植。种植密度的多少决定产量的高低，而产量的高低又与各个品种的特征特性有关。

根据品种特性和栽培方式不同，冬春茬番茄栽培密度一般在每667平方米2 500～3 000株。

嫁接番茄苗定植的壮苗标准是株高25～30厘米，茎秆粗壮、色深，具有8～9片叶，叶色浓绿，叶片舒展厚实，有光泽，节间短。第一穗现大蕾，且花穗下弯花蕾下垂。根系布满土坨，侧根白色，无病虫害，定植后7～10天可开花的优质秧苗。

一般选取晴天上午定植，栽后连续几个晴天，对缓苗有利。每畦栽2行，株距在30～33厘米。注意栽苗的深度，嫁接苗不要将接口埋入土中，否则嫁接将失去作用。低温季节定植番茄提倡点水定植、水稳苗定植(水稳苗具体操作方法是：开沟，摆苗，浇水，水渗后封沟)。先在定植穴内浇水，之后栽入秧苗，防止地温降低，促进早生根、早缓苗。定植后盖地膜或插小拱棚盖严薄膜，若有补充加温设备可不用覆盖地膜或插小拱棚。

(2)日光温室冬春茬番茄定植的管理

①温度管理　定植后 5～7 天，尽量提高温度不通风，如果遇到晴天中午，温度达到 30℃以上才可适当通风，以温度稳定在 28℃～30℃为宜。为促进缓苗应提高气温和地温，白天温度保持在 25℃～30℃，夜间前半夜保持在 14℃～16℃，后半夜不低于 13℃。及时中耕。当心叶开始生长，为预防营养生长过旺，应降低温度，白天 20℃～25℃，夜间温度应保持在 13℃～15℃，以利花芽的发育。开花以后可适当提温，白天温度不超过 28℃，夜间温度不低于 12℃～13℃；适宜地温为 18℃～20℃，最低不能低于 15℃。温度的高低靠通风时间早晚、长短以及通风口的大小，揭、盖草苫的时间早晚来控制。天气变暖后要及时通风，温度太高，光合物质积累少，番茄着色差。当外界气温稳定在 15℃以上时，将温室的顶风口、边风口全部打开进行昼夜通风。

②追肥浇水　当秧苗大叶转绿，心叶见长，新根发出时就表明植株已通过缓苗，进入正常生长。一般定植后 5～7 天，根据苗情、土壤墒情，可浇 1 次缓苗水。浇过缓苗水要及时中耕松土，提高地温，促进番茄根系的生长。此后为蹲苗阶段。

当第一穗果长到核桃大时，结束蹲苗。通过追肥浇水，促进果实膨大。每 667 平方米施硝酸钾或钾宝 10～15 千克，或三元复合肥 20～25 千克，施后浇透水，当第二、第三穗果长到核桃大小时，再次追肥浇水，一般清水、肥水交替进行。视天气情况，每隔 10～15 天浇 1 次水，以保持土壤湿润。应注重钾肥的施用，在开花结果盛期用 0.3%磷酸二氢钾溶液进行叶面喷肥。

③保花保果与疏花、疏果　第一花序进入开花期时，采用防落素或保果宁的不同商品制剂喷雾或蘸花，一般每穗花喷

或蘸1次即可，要注意掌握好蘸花时间和温度。根据蘸花保果制剂上的说明选择适宜的浓度。当温室中温度高于25℃时，应停止蘸花。同时为使番茄坐果整齐、果实均匀，商品果率高，应适当疏花、疏果。当每穗花坐住5～6个果时，要及时疏掉果形差或不均匀的小果，留3～4个，最多不超过5个大小相近、果形好的果实，可以显著提高商品质量。

④摘心、打底叶　冬春茬番茄结果时间长，一般在预留果穗上部留2叶摘心，以保证果穗顶部的叶面有充足营养并防止灼伤果实。早熟品种留四五穗果摘心；晚熟品种留六七穗果摘心。当每一果穗采收完后，下部的老叶、黄叶和病叶应及时去除，以增加通风透光，促进上部果实的成熟和着色。

⑤适时采收　番茄果实熟期可分为绿熟期、白熟期、黄熟期、成熟期和完熟期。为了日光温室冬春茬番茄提早成熟，可用乙烯利催熟。具体方法是用800～1 000毫克/升乙烯利溶液，戴棉线手套，浸湿后轻轻涂在已达到白熟期的果实表面，可提前4天成熟。也可采后催熟，具体方法是将白熟期的果实在2 000毫克/升乙烯利溶液中浸1～2分钟后，码放在24℃、不受强光暴晒的环境下，4～6天即可上市。

35. 日光温室秋冬茬番茄如何培育壮苗？

(1)品种选择　日光温室秋冬茬番茄苗期气温较高，定植后适温生长，结果期气温下降到全年最低气温，因此在品种选择上要选用抗病能力强和耐低温弱光的品种。

适宜日光温室秋冬茬栽培的番茄品种有改良仙客一号、金棚一号、蒙特卡罗、绿亨108金樽等。

(2)播期　根据北京气候特点在7月中下旬播种最为适宜。

(3)播种场所　播种时气温较高且多雨，为了防止雨水冲刷幼苗，播种早者应设防雨棚。同时，为了防止苗期受蚜虫危害，最好在播种畦上加设防虫网，能有效预防蚜虫。应在露地选前茬未种植过番茄、地势高、易排水的地块，做成防雨、防蚜播种畦，小拱棚高 80 厘米左右即可。一般先播种，后扣棚。播种前，应先把苗床周围的杂草清除干净，以防杂草中潜藏蚜虫、茶黄螨、斑潜蝇等为害幼苗。每 667 平方米需准备播种床 10～15 平方米，畦面整平待播。

(4)浸种催芽　在浸种催芽之前要先进行种子消毒。夏季育苗主要预防番茄病毒病的发生，用 2%氢氧化钠 100 倍药液或 10%的磷酸三钠药液处理种子，可以起到钝化番茄花叶病毒的作用。先用温水把种子泡湿，再用药液浸种 20～30 分钟。浸种结束后，用清水反复冲洗，将种子上残留的药液冲洗干净。

采用温汤浸种，水温在 53℃～54℃，浸泡 20 分钟后捞出，再放入 30℃左右的温水中浸泡 5～6 个小时，种子吸足水分，捞出直接播种或催芽。

浸种后将湿种子用透气性良好、洁净潮湿的纱布或毛巾包好，放在温度为 25℃～28℃的环境中催芽。

(5)播种　播种当日清晨，先将苗床土浇透，使床土 8～10 厘米土层含水量达到饱和；如果是用育苗盘播种，掌握在看见盘下有水渗出的程度为宜。底水渗下后，在床土上撒一层过筛无肥的细潮土，以防种子与泥泞床土直接接触，影响发芽。撒完细潮土即可播种。将出芽的种子与洁净细沙拌匀，用手均匀撒播；要求种子间距 1～2 厘米为宜。

种子播后应立即覆土，使用已过筛、无肥料的细潮土，覆土厚度为 8～10 毫米。覆土过厚，出苗困难，易形成“顶盖”现象。覆土过薄，种皮不宜脱落，易出现幼苗“戴帽”现象，影响子叶伸展。为防苗期土传病害，可拌成药土撒在种子上，之后再覆土。药土可用50%多菌灵，每平方米用药8～10克，加土掺匀后撒于种子之上，再覆盖0.6～0.8厘米厚的细土。细土上加盖报纸保湿，扣好防雨小棚并在午间加盖遮阳网，待小苗拱土后撤去报纸。

(6)苗期管理 苗床育苗撤除报纸时，覆盖0.2厘米厚的湿润土，子叶出土后，再覆盖土0.3厘米，子苗期不浇水。穴盘育苗须2～3天浇1次水。

子苗两叶一心时分苗，一般播种后15天左右进行。分苗过早，苗小不易成活；分苗过晚，秧苗过分拥挤，造成徒长。为防止萎蔫，可随分苗随喷水，待全畦栽完浇1次透水。也可将小苗分在54孔育苗盘中。缓苗后，用铁丝钩在行间松土保墒，根据幼苗叶色变化决定浇水时间。早播者，夜温过高时，可浇水降温；晚播者，分苗后外界气温偏低，应注意夜间保温，白天注意通风。早播者苗期应注意预防徒长，控制徒长从以下两方面着手。

第一，大量施腐熟有机肥可提高土壤溶液浓度，土壤溶液浓度高，则需不断浇水，特别是浇夜水，可起到降低地温之效果。只有多施肥才能多浇水，而且还不会徒长，又达到降温作用，加之水肥充足，植株健壮，可抵御病毒病，可谓一举三得。因此夏、秋季加大施肥量是防病，防徒长，增产的积极措施。

第二，使用矮壮素。喷洒促使植株矮壮的生长调节剂，对于预防徒长有一定效果，一般可用0.05%矮壮素或0.007 5%～0.01%的多效唑，在幼苗三四片叶和六七片叶时，各喷1次。但矮壮素使用过量，会抑制植株生长，过度矮化则导致减产，必须慎用。

36. 日光温室秋冬茬番茄定植时应注意哪些问题？定植后如何管理？

(1)定植时间以温度指标确定 番茄定植期间的适宜温度在25℃～28℃，夜间不低于18℃，土壤温度20℃左右为宜。北京地区日光温室秋冬茬定植时间在8月下旬至9月上旬。

(2)定植方式与密度 采用小高垄地膜覆盖方式，一般每667平方米定植早熟品种3 200～3 600株，中晚熟品种2 500～3 000株。要选择壮苗定植。外观要求苗高15～20厘米，茎秆硬实，具有四五片真叶，有光泽，叶片舒展，根系布满土坨，侧根白色，无病虫害。

(3)日光温室秋冬茬番茄定植后的管理

①温度管理 定植后外界气温适宜番茄植株生长，温室前排地面距地面1米内无薄膜，棚顶部亦留风口，昼夜通风。9月下旬以后，天气渐凉，可将温室前近地面处安装薄膜，但仍保持通风，当夜间温度降到14℃时，夜间应闭合通风口，注意保温。晴天棚温高于28℃要通风降温。进入10月份，要随着外界气温的降低逐渐缩小通风口。10月下旬应加盖蒲席或草苫，并按变温管理原则调节温度。

第一阶段，8～13时，要确保适宜光合作用的温度(25℃～28℃)。

第二阶段，13～18时，使温度与逐渐减弱的光照相适应，温度逐渐降至20℃～24℃。

第三阶段，18～24时，保持稍高的夜温18℃，以促进光合产物运转，并逐渐降温至15℃。

第四阶段，0～8时，保持较低的夜温13℃左右，以减少呼吸消耗，保持植株体内的营养积累。

结果期随着气温逐渐降低，可按大温差标准管理，夜温最低可维持在12℃～13℃水平。白天掌握在25℃～28℃，草帘采用晚拉、早放的原则。如果温度仍低于此水平，最好做短期补充加温。

②增加光照　进入12月份光照渐差，每日除应清洁屋面薄膜，减少积尘外，最好在北墙张挂反光幕。

③水肥管理　定植时浇1遍水，每隔5～7天浇1次缓苗水。进入蹲苗阶段。第一穗果膨大之前，如出现干旱时，可浇1次小水。一般第一果穗膨大前不宜追肥。在第一穗果核桃大时浇水追肥，每667平方米施用硝酸钾20千克，硝酸钙10千克。第二穗果核桃大小时追第二次肥，每667平方米追施硝酸钾20千克。施肥浇水时应注意天气变化，阴天或寒流到来前严禁大水漫灌。冬季浇水也宜浇温水，使用膜下暗灌或滴灌进行。

④防止落花措施　日光温室秋冬茬番茄生产，应采取蘸花保果措施，方法是在每穗有2～3朵花开放，晴天无露水时蘸花或用微型喷雾器喷花，药液配制不要太浓，以防产生药害，一般使用保果宁或丰产剂二号。

⑤植株整理　番茄日光温室栽培采用单干整枝，每穗留果3～5个，第一穗果以下侧枝抹去的时间为侧枝长至4～6厘米时，以利于前期刺激植株根系的生长。第二穗果以上的侧枝可见即除，一般秋冬日光温室留4～5穗果，第一穗果转色后应及时摘除底部老化叶片。

37. 日光温室越冬一大茬番茄生产如何培育壮苗？如何定植？

越冬一大茬番茄生产，必须选用保温性能好的半地下式日光温室。

(1)日光温室越冬一大茬番茄培育壮苗

①品种选择　日光温室越冬一大茬番茄经历秋冬春三个季节，环境变化幅度大，栽培难度较大。在品种选择上要选结果期长、耐弱光、低温、品质好、耐运输的无限生长类型。

适合日光温室越冬一大茬栽培的番茄品种主要是硬果肉型的品种。

②育苗　播种前要对种子消毒和温汤浸种。越冬生产的播期处于9月上中旬，昼夜温差加大有利于壮苗的培育。在育苗床中育子苗，在营养钵或穴盘中育苗、分苗，营养土的配制参照前面相关内容。穴盘使用54孔育苗盘，使用营养钵规格为9厘米×9厘米。播种后覆盖地膜，当60%～70%的幼苗出土后，傍晚时将地膜撤去。出苗期间白天25℃～28℃，夜间20℃，如果白天温度较高，使用遮阳网降温。出苗后降低苗床温度，避免形成高脚苗。地温控制在20℃左右。当幼苗长到两叶一心时，分苗。分苗后温度提高，白天25℃～28℃，夜间18℃～20℃，高温高湿有利于缓苗，心叶开始生长后降低温度。白天适宜气温22℃～25℃，夜间13℃～15℃，不低于12℃。此茬的苗龄在45～50天。

(2)日光温室越冬一大茬番茄的定植

①定植前的准备工作　最好在立秋之后将温室薄膜扣好，番茄越冬栽培，植株生长期长，消耗土壤养分多，必须施足基肥，施入腐熟的农家肥10 000千克，过磷酸钙50～100千克，尿素、硫酸钾适量。把肥料均匀撒于地面，再深耕翻地30厘米，可把肥料施入耕作层。然后耪、搂2～3遍，把地面整平，起高垄栽培，垄高20厘米，垄面宽80厘米，垄面中央开暗沟，用地膜将高垄覆盖。选择株高20厘米、有6～7片真叶的健壮

苗定植。

②**定植时间** 10月中下旬。

③**定植密度** 根据整枝方式来确定，单干整枝每667平方米定植2 500～3 000株，双干整枝每667平方米定植2 000株。

④**定植方法** 依据天气预报，选择连续几天晴天，在晴天的上午定植，定植时要将大小苗分开，使植株将来的长势一致。定植后浇水，可以穴浇，避免水量过大，使地温下降，不利于缓苗。为防止强光导致刚定植的幼苗萎蔫，可在定植时将部分草苫放下。

38. 日光温室越冬一大茬番茄定植后如何管理？

(1)温度管理 定植至缓苗期间，温室一般不通风，温度要高一些，白天可接近32℃，以促进幼苗根系生长，缩短缓苗时间。如果温度过高，可以打开顶风口通风降温，但不能打开底风口。等心叶开始生长说明幼苗已经长出新根，植株成活，缓苗结束。缓苗结束后及时将温度降下来。白天在20℃～25℃，夜间在15℃左右，缓苗后到坐果前这段时间，温度一定不能高，及时调整温度，预防徒长。如果温度高，水分又大，容易造成根系发育不良，又浅又弱，这样的植株抗寒能力差，越冬困难。

当植株第一穗果坐住后，进入到番茄快速生长阶段，此时白天最高温度控制在25℃～26℃，前半夜温度在15℃以上，后半夜温度在12℃～13℃，控制地上部生长，促进根系下扎，最低温度不能低于10℃。短时间的8℃～10℃植株也可以忍耐，但时间不能过长。

严冬季节，白天温度控制在20℃～25℃，当晴天中午室内气温升到28℃以上时，要开顶风口通风，通风量要小，进行换气排湿，盖草苫时温室内温度在16℃～18℃，夜间温度保持12℃～18℃，凌晨短时间最低气温不低于8℃。

如遇连阴天、寒流等不利天气，必须进行短时间的加温。可以采用家庭使用的浴霸或者使用100瓦的灯泡。

2月中旬以后，天气逐渐回暖，要逐渐加大通风量和通风时间，白天温度保持在23℃～28℃，夜间在15℃～18℃，不能低于12℃。

进入5月份当外界气温稳定在15℃时，可将顶风口、边风口全部打开，昼夜通风。

(2)肥水管理 定植后5～7天浇1次缓苗水。缓苗水浇后进行蹲苗。等到第一穗果实长到核桃大时，可结束蹲苗，进行水肥管理。随水施1次肥。12月至翌年1月份气温、地温很低，日照时间短，光照弱，番茄生长缓慢，因此要少浇水。浇水也要浇温水。在温室一侧挖一个水坑，将水贮存在坑内，10天以后，水温上升即可使用。果实采收以后，需要追肥。每667平方米施用硫酸钾20千克或三元复合肥30千克，结果期要重视钾肥的使用，可叶面喷施0.2%尿素加0.3%磷酸二氢钾溶液。

2月中旬以后，天气回暖，可增加浇水次数促进番茄生长。选晴天上午浇水，一般每隔10～15天浇1次水，掌握浇果不浇花的原则。每穗果实坐住后，使用1次催果肥。可以冲施速效性肥料。

(3)保花保果 寒冬低温季节为了提高产量，可采取保花措施，方法是在每穗有3朵花开放，晴天无露水时蘸花或用微型喷雾器喷花，药液配制不要太浓，以防产生药害，影响果实的商品性，一般使用丰产剂二号或保果宁。

(4)光照管理　冬季光照弱，要经常擦洗薄膜，即使遇到阴雪天气也应尽量揭开草苫，清扫积雪，争取散射光照。在温室后墙内侧张挂反光幕，提高温室后部的光照强度。

(5)植株调整　越冬茬番茄生长期长，一般采取单干整枝的方式，也可采取双干整枝，但种植密度要减小。在每穗果实采收以后将其下面的病、残、老叶摘除，提高通风透光的能力。

也可采取换头措施，冬季一大茬栽培生产期长，可采用换头的方法。具体做法是：留3穗果后打尖，待果实采收后，用侧枝代替主干，继续结果，留2～3果后再打尖。

(6)采收　冬季温室番茄因天气寒冷，光照弱，果实膨大着色较慢，为了使其尽快成熟，可以将果色转白或发红的果实采下，然后催熟。

39. 大棚春茬番茄栽培管理技术要点有哪些？

(1)培育壮苗

①品种选择　大棚春茬番茄应选择在低温条件下坐果率高、果实发育快的品种。适宜大棚春茬栽培的品种有硬粉8号、改良仙客一号、金棚一号、蒙特卡罗等。

②播种育苗　大棚春茬番茄播种在1月中下旬，正处于严寒时期，育苗一定要在有加温设备的温室中进行，如果条件允许要使用地热线育苗。大棚春茬育苗可参照日光温室冬春茬进行。

(2)定　植

①定植前准备　为了提高大棚内的土壤温度，在定植前20天提早扣棚，密闭烤地，待土壤解冻后施肥、整地。一般每667平方米施优质腐熟有机肥5 000～6 000千克，三元复合肥60～80千克。做成高10～15厘米，畦面宽60～70厘米，畦

距60～70厘米的小高畦，高畦上覆盖地膜。

②定植　多层膜覆盖于3月上中旬定植，单层膜覆盖于3月下旬定植，当地温稳定在10℃以上时，选晴天上午定植。采用大小行定植，株行距30厘米×60厘米，每667平方米定植2 800～3 200株。

(3)定植后的管理

①水肥管理　定植后要及时浇定植水，7～10天后，根据天气、土壤湿度浇1次缓苗水，水后中耕，蹲苗7～10天，蹲苗结束后视植株生长情况及天气和土壤墒情适量浇水。当第一穗果长到核桃大小时，第二穗已坐住时追肥、浇水，每667平方米施三元复合肥20～30千克。可以随水追肥或穴施，施后及时浇水，防止熏苗。以后每隔7～10天浇1次水，保持土壤见干见湿。以后分别在第二、第三穗果膨大时各追1次肥，每667平方米施硫酸铵20千克，硫酸钾10～15千克或三元复混肥20千克。在盛花期、盛果期，随病害防治可加入0.3%磷酸二氢钾溶液进行叶面追肥。

②温、湿度管理　定植后及时闷棚提温，促缓苗。白天温度保持在28℃～32℃，超过33℃时，将顶风口开小缝通风，夜间适宜温度为15℃～20℃，保持5～7天；缓苗后至开花坐果，白天适宜温度为25℃～28℃，超过30℃时开始通风，低于22℃及时关上风口，夜间15℃～18℃；当第一穗果长到核桃大小时，白天温度保持在25℃～28℃，夜间温度保持在12℃～16℃，这时因浇水多，要加大通风，除开顶风外，还要通边角风；当第一穗果发白时，白天适宜温度为25℃～30℃，夜间适宜温度为15℃～18℃，当外界气温稳定在12℃以上时，夜间可以不关风口；为防止病害，在缓苗后，阴天也要适当通风，雨天要停止通风。

③蘸花、疏花、留果　可使用防落素、保果宁、丰产剂二号蘸花，蘸花时可加入杀菌剂，防治灰霉病。疏花就是把最早开的畸形花摘除。疏果是将畸形果、病果和多余的果去掉，每穗留 3～4 个果。

④植株调整　对无限生长型的中早熟品种以单干整枝为好，将所有侧枝摘除，仅留主干，继续生长。第一次打杈不要过早，要等到侧枝长到 6 厘米左右，因地上部发枝和地下部发根有相关性，定植后较晚打杈有利根系发育，但打杈过晚会消耗养分，果实发育受影响。

早熟品种留四五穗果摘心、中晚熟品种留五六穗果摘心。在预留果穗上部留两叶摘心，以保证顶部果穗的营养面积并防止灼伤果实。

当第一穗果实成熟时，下部叶片已老化，甚至变黄、染病，及时打掉底叶。当第二穗果转色后，把其以下的叶片打掉，打掉老叶有利于通风透光，减轻病虫害的发生。

40. 大棚秋茬番茄栽培管理技术要点有哪些？

（1）育　苗

①品种选择　秋延后番茄栽培在夏天播种秋末冬初采收，生育期限制在夏秋、初冬季节，采收期短。应选用具有耐热，抗病毒病，大果硬肉型耐贮运的品种。可供选择的主要品种有硬粉 8 号、金棚一号、蒙特卡罗。

②播种育苗　育苗时间正处于高温高湿的夏季，夏季高温条件育出壮苗的难度较大，育苗时我们要注意以下几点。

第一，育苗必须采用加盖遮阳网的方法。做法是在棚膜上部盖遮阳网，目的是防雨降温。小苗经雨水浇灌后会造成死苗，高温闷热对幼苗生长发育不利。

第二，要用防虫网密封苗床，在温室大棚中育苗要将风口用防虫网密封，严防蚜虫、白粉虱、斑潜蝇和棉铃虫等害虫为害。

第三，夏季育苗时间短，一般不用分苗，因此最好使用营养钵或穴盘育苗，充分保护根系，有利于定植后的缓苗。

第四，夏季温度高秧苗易发生徒长，要加强通风，使用矮壮素抑制秧苗徒长，但要注意浓度不宜过高，只能喷 1 遍，防止产生药害。还可用优比浸种剂浸种，方法简便。

第五，要定期喷药预防病害。一般从出苗开始，每周喷 1 次药，交替喷洒百菌清、代森锰锌、阳光二号等。

第六，苗龄不宜过大，夏季育苗栽小苗不栽大苗，苗龄 20～25 天定植比较合适。

(2)定　植

①定植前准备　扣棚，定植前 15 天左右扣棚膜，旧膜扣棚后要高温烤畦 5～7 天，烤畦的同时对棚室消毒，按每 100 平方米使用硫黄粉 250 克加锯末 500 克在棚室内不同地点点燃熏蒸 24 小时。深翻、将地整平后开沟施肥，每 667 平方米施优质有机肥 6 000 千克以上，三元复合肥 50～80 千克。

做畦最好做成小高畦。小高畦上可盖银灰膜或黑膜，既可降低地温又可避蚜虫。双行栽培采用大小行(大行宽 80 厘米、小行宽 60 厘米)，单行行距 70～80 厘米。畦长在 10～15 米最好，不要过长，以方便浇水。

②定植　大棚秋茬番茄一般在 7 月下旬至 8 月上旬定植。定植最好是在阴天或晴天的下午 4 时以后进行。定植前先检查秧苗是否有虫害，先打药后定植。采用明水定植，随定植随浇水。株距 35 厘米，行距 60～80 厘米，种植密度为每 667 平方米 2 800～3 200 株。

(3)定植后的管理

①温、湿度管理　定植初期正处于高温季节，主要以降温为主，可采用遮阳网来降低温度。阴天可以揭开遮阳网，晴天上午10时以后下午4时之前覆盖遮阳网，可使棚内温度降低2℃～3℃。可采用小水勤浇的原则，来降低地温，改变小气候条件。白天温度不高于35℃，夜间温度不高于25℃。定植后遇到雨天需及时关闭风口，不要让雨水进到棚里，防雨就是防病。9月20日以后，温度逐渐下降，此时要注意大棚的保温，应在大棚四周加上薄膜，俗称"围裙"，但要留通风口。当外界气温下降到15℃以下时，除中午开小口通顶风外，晚上要关闭通风口保温。白天打开通风，通风口由大到小管理。由于夜间关闭风口，湿度加大，每天早上太阳出来后和晚上关闭风口前，将风口拉开或拉大1小时，以利于排湿。当夜温低于5℃，需在棚口四周用草帘临时保温。

②水肥管理　定植后处于高温季节采用小水勤浇来降温，每隔3～5天在傍晚浇小水。追肥不可过早，在第一穗果有核桃大，第二穗果有红枣大，第三穗果开花结束时开始追肥最好。在第二穗果、第三穗果分别长到核桃大时浇第二次和第三次水并追肥，每667平方米施三元复合肥20～30千克。其间保持土壤湿润即可。在果实生长期间可用1.5%过磷酸钙或0.3%磷酸二氢钾溶液叶面追肥。10月上旬浇水时，要选在晴天上午且水量要小，如长势弱需追速效肥，10月中旬停水。

③蘸花、疏花、疏果　可使用防落素、保果宁、丰产剂二号蘸花，把开的畸形花摘除。每穗留三四个果，去掉畸形果、病果。9月中旬以后开放的花可以摘除，因开花较晚，立冬之前果实不能充分膨大，反而影响其他果实发育。

④绑蔓和整枝　栽培无限生长型品种，采用单干整枝，单

株留三四穗果，每穗留三四个果，9月底开始打老叶、烂叶，有利于通风透光，减轻病害发生。

⑤采收与贮藏　大棚秋茬番茄果实转色以后要陆续采收上市，当夜间棚内温度下降到6℃时，要全部采收后贮藏。在青果采收之前施用1次杀菌剂，消灭果实表面可能存在的病菌，可使用百菌清或多菌灵。用药1～2天后，将青果采下，贮存后熟。一般用简易贮藏法，贮藏在经过消毒的室内或日光温室内。贮藏温度要保持在12℃～18℃，相对湿度70%～80%，在平整地面上铺一层旧塑料膜，有条件的最好在塑料膜上铺一层可吸潮气的草帘，以防塑料膜存水烂果。将青果码放其上，堆成宽1米，厚约三四层果实的小堆。每堆之间留有通道。每周倒动1次，将病果挑出，并挑选红熟果陆续上市。

四、茄子保护地嫁接栽培配套技术

41. 嫁接茄子对砧木有什么要求？品质优良的茄子砧木品种有哪些？

（1）茄子对砧木品种的要求

①砧木与栽培茄子的嫁接亲和性要强　嫁接亲和性决定着嫁接后伤口的愈合速度和效果，因此直接影响到嫁接苗的成活率高低。一般情况下，嫁接亲和性越强，嫁接苗的成活率越高。

②砧木的抗病能力要强　要求所选用茄子砧木品种要高抗茄子黄萎病、青枯病、根腐病和根结线虫病等土传病虫害。

③砧木的抗低温和高温的能力要强　茄子的抗低温能力弱，低温期栽培的茄子，要求所选用的砧木应具有耐低温能力，以增强低温期栽培茄子的生长势。高温期栽培的茄子，要求所选用的砧木应具有耐高温能力，防止高温期砧木根系受害，引起植株早衰、死亡。

④砧木对果实品质无不良影响或影响极小　要求嫁接后，不改变果实的风味、果形，不出现异味和畸形果。

（2）品质优良的茄子砧木品种介绍

①托洛巴姆　能同时抗茄子黄萎病、枯萎病、青枯病和线虫病等土传病害，可达到高抗或免疫程度；兼具耐低温、干旱和耐湿的特点，是目前生产上大面积推广的较好的砧木。托洛巴姆的种子在采收后具有较强的休眠性。种子出土后，前期幼苗生长缓慢，只有当植株长有三四片真叶后，生长才比较正

常。因此，采用托洛巴姆作砧木时，播种需要比接穗苗提早25～30天。

②赤茄　主要抗枯萎病，对黄萎病的抗性中等。适宜与各种茄子品种嫁接，嫁接苗生长健壮，结果早，品质好，具有较强的耐寒和耐热能力。一般只需比接穗品种早播7天左右。

③耐病VF　是日本的一代杂交种，主要抗枯萎病和黄萎病。种子发芽容易，可与各类茄子嫁接且成活率高。比接穗苗提早3天播种即可。其嫁接苗生长旺盛，耐高温干旱，果实膨大快，品质优良，前期产量和总产量均较高。

④托托斯加　能同时抗茄子黄萎病、枯萎病、青枯病和线虫病等土传病害。能增强茄子植株的抗性，有较强的抗低温能力，特别是中后期长势旺盛、生产速度快、直立性强、生长期长、品质好、产量高。需比接穗苗提早播种25～30天。

42. 如何对茄子接穗和砧木种子进行播前处理？如何播种？

(1)种子处理

①消毒处理　茄子种子容易携带病菌和病毒，从而引起烂苗和苗期病害，播种前要对种子进行灭菌处理。常用的消毒液有100倍的高锰酸钾药液、10倍的磷酸三钠药液和1 000倍的氢氧化钠药液等。先用温水把种子浸泡2小时，再用药液浸种20～30分钟。浸种结束后，用清水反复冲洗将种子上的残留药液洗干净。

②浸种处理　种子消毒处理之后，进行温汤浸种。先用20℃～30℃的温水预浸1～2小时，用52℃～55℃的热水浸种20～30分钟。具体做法是用烧水用的“热得快”插入一盆水中，温度到60℃左右时，将种子放热水中不断搅拌，停止加

热，看水温下降到50℃左右时，加入开水，随着加入开水边看温度计，让水的温度在52℃～55℃保持20～30分钟，能将种子表面大部分的病菌杀死。之后用28℃～30℃的温水浸种8小时。浸种后捞出种子进行催芽。

③激素处理　茄子砧木多属于野生茄子，种子发芽率低，发芽的时间也比较长，播种前应对种子催芽处理。用赤霉素（浓度为100～200毫克/升）进行种子处理，首先用50毫升白酒溶解1克赤霉素然后对水2.5升浸泡24小时，用清水投洗3次，再用清水浸泡24小时，然后变温催芽。

④接穗苗种子的变温催芽处理　茄子先用温汤（水温52℃～55℃，处理20分钟）浸种。而后反复采取30℃条件下16小时和20℃条件下8小时的变温处理催芽，可使种子发芽整齐、粗壮。待大部分种子破嘴露白时即可播种，一般3～4天就可出芽。

⑤砧木变温催芽　将浸泡好的砧木种子放入恒温箱内，温度开始调到20℃下处理16小时，再调到30℃下处理8小时，每天如此反复调温2次，同时每天用清水洗涤1次。托洛巴姆、托托斯加大约需8天开始发芽，10～12天后芽基本出齐，胚根长出1～2毫米长时播种最为适宜。如果没有恒温箱，在常温下大约需要15天才能发芽。

（2）播种　将催好芽的种子播在装好营养土的平底盘中。在播种前1天下午先将盘洇好水，一定要将盘洇透，以盘下渗出水为宜。第二天播种，有利于地温的提高。将发芽的种子和适量过筛细潮土拌均匀后撒播。播种后，将育苗盘盘面均匀覆盖一层厚5～8毫米的育苗土，用地膜将所有育苗盘盖严，保温保湿。夏季播种后在育苗盘上支小拱棚，小拱棚上盖遮阳网降温。

43. 茄子播种后至嫁接前如何管理苗床？

(1)温度管理 茄子是喜温蔬菜，发芽出苗期需要高温。白天的温度在25℃～30℃，最低温度保持在18℃以上。当有60%～70%苗子出来后，应将地膜撤掉，降低温度。幼苗期的适温白天为25℃～28℃，夜间为15℃～17℃，夜间苗床温度不低于15℃，但也不能过高。从幼苗顶土开始到齐苗，要逐渐降低苗床温度，防止因温度过高造成徒长，形成“高脚苗”。幼苗的两片子叶充分展开后，要将白天的气温控制在20℃～25℃，夜间在15℃～20℃。遇到阴雪天气，白天温度降低，夜间温度也适当降低，温差在10℃左右。使用托洛巴姆和托托斯加作砧木时，由于这两个砧木生长比较慢，对温度的要求比较高，要将苗床的昼夜温度分别提高2℃～3℃。

(2)通风管理 以开缝通风方式调节温度，降低畦面湿度。通风应逐渐由小到大，同时，应避免冷空气直接吹到苗子，防止闪苗。

(3)水分管理 一般浇足播种水后覆盖地膜保湿，出苗期不用浇水。如果用育苗盘或育苗钵育苗，土层容易干，可适当补充一些温水，保证幼苗的生长。分苗前1天下午要浇水，使第二天分苗时水分充足。

(4)覆土 在种子刚拱土呈拉弓状时，用过筛的细潮土均匀覆盖，防止戴帽出土。等到种子出齐，撤掉地膜之后，无露水时，进行第二次覆土，以弥合种子出土时形成的细缝，防止畦面干裂。根据畦面的湿度来确定所覆土的干湿程度，畦面干则覆湿土，畦面湿则覆稍干的细土。

(5)间苗 由于播种不匀，部分地方出苗过密，应及时间苗。间苗时将子叶不正常的苗和无真叶苗拔掉。间苗在子叶展开和第一片真叶展开时进行，保持 2～3 厘米的苗间距。

(6)分苗　砧木茄苗在长到两叶一心时进行分苗。把苗分到营养钵中。分苗前 1 天浇透水，防止移苗时伤根。移苗时不能栽得太深，以子叶露出土面 3 厘米为宜。冬季分苗时应注意，在晴天的午后分苗，分苗后及时浇温水，以免地温降低很多。分苗时尽量将大小苗分开，便于分苗后的管理。

(7)分苗后的苗期管理

①温度管理　分苗后浇足底水，白天可加盖小拱棚，使温度达到 25℃～30℃，夜间使温度不低于 20℃。缓苗后，随着外界气温的升高，应开始对分苗床通风换气。随后幼苗进入花芽分化阶段，应适当降低温度，白天温度控制在 20℃～25℃，夜间在 10℃～15℃。

②水分管理　以苗床表土见干见湿为原则，既不能浇水过多，也不要过分控制水分，通过观察秧苗长势和表土的水分情况酌情处理。

③施肥管理　如果床土有机肥充足，秧苗生长正常，苗期一般不追肥。如发现苗子颜色淡绿、细弱，可用温水将磷酸二氢钾和尿素按 1∶1 的比例溶解后配成 0.5%溶液用喷壶喷洒。

44. 茄子嫁接后至定植前如何管理？

(1)茄子嫁接后的缓苗期管理要点

①温度管理　嫁接后的头 3 天白天温度控制在 25℃～30℃，夜间控制在 17℃～20℃，地温在 25℃左右。3 天后逐渐降低温度，白天温度控制在 23℃～26℃、夜间温度控制在 16℃～18℃；温度过高(高于 30℃)或过低(低于 20℃)都会影响接口愈合，降低嫁接苗的成活率。10 天后撤掉小拱棚进入

正常管理。

②湿度管理　嫁接后前3天小拱棚不得通风，湿度必须在95%以上，湿度不够可采取地面喷水的方法。嫁接3天后必须把湿度降下来，每天都要通风排湿，防止出现过湿烂苗问题；不要让水滴抖落在苗上，小拱棚要做成拱圆形。

③遮阳管理　为保证育苗棚内温度适宜，需在小拱棚上加盖遮阳网，嫁接后前3天要以遮阳为主，每天10时至16时都要遮阳，早、晚适当见光。嫁接3～6天后，见光和遮阳交替进行，避开中午光照强的时候见光。之后见光时间逐渐加长，见光后待叶片开始萎蔫时及时遮阳，以后随嫁接苗的成活，中午要间断性地见光，待见光后不萎蔫时去掉遮阳网，10天后去掉小拱棚转入正常管理。

(2)嫁接茄子苗成活后的管理　嫁接苗成活后进入正常管理阶段，这时要注意温度不要忽高忽低，及时去掉砧木侧芽，预防苗期病害的发生。应适当降低温度，白天控制在25℃～27℃，夜间在15℃左右。以营养钵表土见干见湿为原则进行水分管理，既不能浇水过多，也不能过分干燥。当发现表土已干，中午秧苗有轻度萎蔫时，要选择晴天上午适量浇水，水量不宜过大。定植前10天倒1次苗，拉大营养钵间距，扩大见光面积。定植前5～7天，要加强通风，降低苗床温度炼苗，使苗子敦实健壮以适应定植后的环境。白天温度保持20℃～25℃，夜间15℃～18℃。要适时早揭晚盖草苫，以延长苗床光照时间。定植前3天，喷洒多菌灵或百菌清溶液，以确保不将苗床病菌带入棚室。

45. 适宜保护地栽培的茄子品种有哪些？

适合保护地早熟栽培的茄子品种应具备耐低温、弱光、抗病、植株开展度小等特点。茄子春茬大棚栽培，应选用耐寒性强、耐弱光、坐果容易、果实生长快的品种。秋延后栽培应选用既耐低温又耐高温、抗病性强、结果集中、生长势强、耐湿优质的中晚熟品种。

(1)早熟京茄一号 早熟、丰产、抗病圆茄一代杂交种，始花位于第七片叶处，较耐低温弱光。植株直立，株型紧凑。叶色深紫色，连续结果性好，平均单株结果数8～10个，单果重300～500克。果实近圆球形、果皮紫黑发亮，商品性状佳。果肉浅绿白色、肉质致密细嫩、品质好。该品种易坐果，低温下果实发育速度较快，畸形果少，特别适合保护地生产。前期产量比北京七叶茄增产30%以上。

(2)京茄三号 早熟、丰产、抗病圆茄一代杂种，始花节位七八片叶左右，较耐低温弱光。植株生长势较强，植株连续结果性好，平均单株结果数7～8个，单果重500克以上。果实为扁圆形、果皮紫黑发亮，商品性状极佳。果肉浅绿白色、肉质致密细嫩、品质佳。该品种易坐果，低温下果实发育速度较快，畸形果少，适合大棚栽培及早春小拱棚覆盖栽培。

(3)京茄15号 北京蔬菜研究中心最新育成的具有早熟、丰产、抗病等优良性状的长茄一代杂交种。植株生长势强，叶色紫绿，单株结果数多。果实长棒形，果长30～40厘米，果实横径4～6厘米，单果重250克左右，每667平方米产量4 000千克以上。果皮紫黑色、有光泽，果肉浅绿白色、肉质细嫩、品质佳，商品性极好。适宜保护地及露地早熟栽培，可在我国南北方种植。

(4)9318长茄 9318长茄是中国农业科学院育成的中早熟长茄新品种。株型直立，生长势强，单株结果数多。果实长棒形，果长30～35厘米，横径5～6厘米，单果重250～300

克。果色黑亮，肉质细嫩，籽少。果实耐老，耐贮运。每667平方米产量4 000千克以上。适于露地和保护地栽培，株行距(40～50)厘米×66厘米，每667平方米栽苗2 000～2 500株。每667平方米用种量25～50克，适宜在东北、西北及华北地区种植。

46. 如何安排北方地区茄子保护地栽培的茬口？

(1)日光温室茄子茬口安排 在北方地区，茄子日光温室的茬口安排主要是冬春茬和秋冬茬。冬春茬11月上中旬在加温温室中育苗，翌年2月上中旬定植，3月中下旬进入采收期。秋冬茬7月下旬使用遮阳网育苗，9月中下旬定植，11月上旬进入采收期。

(2)塑料大棚茄子茬口安排 北方地区大棚茄子主要是春茬和秋茬。春茬在12月上中旬育苗，翌年3月中下旬定植，5月中旬进入始收期。秋茬在6月下旬至7月上旬育苗，8月上中旬定植，9月下旬进入始收期(表2)。

表2 北方地区保护地栽培茄子的茬口安排

栽培茬口	播期	定植	始收期	收获末期
日光温室冬春茬	11月上中旬	2月上中旬	3月中下旬	6月下旬
日光温室秋冬茬	7月下旬	9月中旬	11月上旬	12月下旬
日光温室越冬茬	9月中旬	11月中下旬	1月中旬	6月下旬
塑料大棚春茬	12月上旬	3月中下旬	5月中旬	6月下旬
塑料大棚秋茬	6月下旬～7月上旬	8月上中旬	9月下旬	11月上旬
小拱棚茄子	1月中下旬	4月上中旬	5月中下旬	7月上旬

47. 日光温室冬春茬茄子如何培育壮苗?如何定植?

(1)日光温室冬春茬茄子的壮苗培育

①品种选择　适宜选用耐寒、早熟、耐弱光高产抗病能力强的品种,如早熟京茄一号、京茄3号。

②育苗　冬春茬育苗前期条件较好,中后期温度低,光照差,对苗床必须注意加强保温和采光。

种子处理的具体做法是:先把种子放在室外暴晒6～8小时;为提高种子发芽率和发芽势采用温汤浸种或药剂浸种;使用地热线育苗;播种后用地膜覆盖,待60%～70%的小苗出土后,撤掉地膜。白天适宜温度为22℃～28℃,夜间适宜温度为16℃～20℃,地温控制在20℃左右。使用地热线育苗土壤水分蒸发快,要小水勤浇。幼苗两叶一心时分苗,分苗后白天温度为25℃～30℃,夜间适宜温度为16℃～20℃。缓苗后降温,白天适宜温度为20℃～25℃,夜间适宜温度为15℃～18℃。定植前炼苗。

(2)日光温室冬春茬茄子的定植

①定植前准备　一是温室消毒,每667平方米用硫黄1千克,加80%的敌敌畏200克与2千克锯末混匀,分几处点燃,封闭温室1昼夜,随后通大风排出毒气。二是施肥,一般每667平方米施腐熟鸡粪5 000千克,或腐熟的牛粪、人粪尿等8 000千克。再撒施氮、钾肥或三元复合肥100千克。先将2/3的肥料漫撒在地表,旋耕一遍,将肥土混匀。三是做畦,地整平后做成南北向小高畦,畦宽130厘米,高20厘米,走道宽50厘米,畦中间开一小沟,在畦面上覆盖地膜。采用膜下暗灌,降低温室内的湿度。四是栽培畦做好后,温室内每立方米空间用

5 克硫黄加锯末 20 克，混合点燃，密闭熏蒸 1 昼夜，再打开通风口通风。

②**定植**　2 月上中旬定植。采取大小行垄栽，小行距 50 厘米，大行距 80 厘米，株距 60 厘米，每 667 平方米栽 1 500 株左右。由于采用嫁接方法，定植密度要比自根苗低。定植时幼苗具有六七片真叶，茎粗壮，带花蕾。

2 月上中旬选择晴天上午定植，将带有完整土坨的幼苗栽稳后，填土，盖严穴口，可以使用点水定植的方法，这样浇水量小，有利于提高地温，尽量避免大水漫灌，降低地温。

定植深度与秧苗原土坨平。不能埋住嫁接部位，如果接穗接触土壤则易感染土传病害，失去嫁接意义。定植后要检查嫁接苗的成活情况，如发现缺苗要及时补栽。

48. 日光温室冬春茬茄子定植后如何管理？

(1)温度管理　茄子喜高温，苗期抗寒能力弱，定植至缓苗前一般不通风。温度低时，晚上要扣小拱棚等，以提高温度，促进缓苗，白天揭开小拱棚。缓苗期白天室温可控制在28℃～30℃，夜间最低室温保持在 15℃以上，地温 18℃以上，以加快生根缓苗。定植后 5～7 天可缓苗。缓苗后白天气温保持在 25℃～28℃，中午温度短期在 35℃也可不通风，夜间适宜温度为 15℃～18℃；营养生长期，白天适宜温度在 25℃～30℃，夜间适宜温度为 15℃～18℃；花期白天适宜温度为 25℃～28℃，夜间适宜温度为 15℃～18℃；结果盛期，白天适宜温度在 27℃～30℃，夜间适宜温度为 15℃～20℃，昼夜温差以 10℃为宜。

4 月份以后，室内温度上升很快，晴天中午前后的最高温度可达 40℃以上，此时要以防高温为重点，此期的适宜温度白天为 25℃～30℃，夜间不低于 15℃。一般晴天上午当温室内的温度上升到 25℃以上时，开始打开通风口，并随温度的上升加大通风量，当室外温度升到 20℃以后，可将温室的下部通风口也打开。进入 5 月份，日平均气温稳定在 15℃以后，要昼夜通风。

（2）**光照管理** 温室内光照强度不足，应在温室后墙及山墙上张挂镀铝聚酯反光幕，同时经常保持棚膜清洁，以增加温室内光照强度，提高室内气温和地温，防止出现短柱花和畸形果。

开花结果前期，外界气温低，光照不足，在管理上要以保温增光为主。阴雨天、雪天也要揭开草苫见光，可晚揭早盖。持续阴雪雨天气后暴晴，阳光较强，中午要及时盖草苫遮阳，防止植株失水萎蔫。

（3）**水肥管理** 嫁接茄子在基肥施足的情况下，定植后至门茄鸡蛋大小之前，一般不需追肥。

门茄长到鸡蛋大小时进行追肥浇水，但遇低温茄子生长缓慢，应减少浇水和施肥量。每隔 15～20 天随水追肥 1 次，可用硝酸钾、硫酸钾或三元复合肥，每 667 平方米追施 15～20 千克。

日光温室冬春茬茄子栽培，因前期温度低、光照少，浇水、施肥受到一定限制。因此，从茄子进入开花结果期开始进行叶面追肥，以促进植株的生长和开花结果。可每隔 15 天喷 1 次 0.2%尿素和 0.3%磷酸二氢钾混合液，或喷施五合一叶面肥。

进入 3 月中下旬以后，逐渐进入茄子采收期，外界气温逐步回升，嫁接茄子根系吸收能力强可减少施肥和浇水的次数，每隔 15～20 天每 667 平方米每次追施硝酸钾 15～20 千克或三元复合肥 20 千克，也可追施饼肥 50 千克。在结果盛期，每 667 平方米加施硫酸钾 10 千克，并进行叶面追肥。

(4)保花保果　日光温室冬春茬茄子结果前期气温偏低，一般定植后 15～20 天门茄开花，在花朵开放一半时用防落素、保果宁和丰产剂二号蘸花柄。在蘸花时每千克药液中加入 1 克扑海因，这样既可防治灰霉病又可防落花，促进早熟。药剂处理时不能蘸花心，不要把药液洒到叶片上，每朵花处理 1 次，不要重复。随着气温升高，药液剂浓度可适当降低。激素蘸花时应注意，要选择正规厂家生产的药剂；严格按照使用说明上指定的浓度使用，浓度不能过高；要掌握好蘸花时机，最好在晴天早晨露水下去，9 时以后进行。阴雨天最好不蘸花，因为阴雨天，气温低、光照弱，药液在植物体内运转慢、吸收也慢，易造成药害。

49. 茄子植株的整枝方式有哪些？

(1)双干整枝　双干整枝是在茄子第一次分杈时，保留 2 个分枝同时生长，以后每次分枝时只保留 1 个分枝而及时抹除多余萌芽，使植株整个生长期保留 2 个结果枝。当茄秧长到 1 米时要插杆搭架，防止倒伏。为改善茄子通风透光的条件，应摘除第一花朵以下的侧枝。当门茄、对茄收获以后，基部叶片影响通风透光，应打去黄叶、老叶以减轻病害发生，增强果实色泽。

(2)换头整枝　对茄以上的枝条，采用换头的方法进行植株调整，提高茄子的整齐度和商品性，降低植株高度，延长茄子的收获期。换头就是对茄坐住以后，在果实上方留 2～3 片叶子，去掉主干生长点，保留下部 1 个侧枝，侧枝第一个果实坐住后，依然保留 2～3 片叶子摘心，使其下面的侧枝萌发。依次类推，直到茄子生长结束。当茄秧长到1米时要插杆搭架，防止倒伏。为改善茄子通风透光的条件，应及时摘除多余的侧枝。用换头整枝的方式，茄子的大小一致，颜色黑亮，可以提高茄子的整齐度和商品性，增加茄子的产值。嫁接茄子植株生长旺盛，采用换头整枝效果比较好。

(3)四干整枝　在对茄上部保留2个侧枝，及时去掉多余的侧枝。单株生长只保留4个侧枝，形成了门茄、对茄、四方斗、满天星的采收顺序。四干整枝要求稀植，水肥条件充足，后期也要进行枝条固定，搭架栽培。

50. 大棚春茬茄子如何育苗和定植？定植后如何管理？

(1)育　苗

①品种选择　选用生长快、抗寒、早熟、高产符合当地消费习惯的品种，如早熟京茄一号、京茄3号、京茄一号。

②培育适龄壮苗　培育适龄壮苗是实现早熟高产的关键。春茬茄子育苗应在有加温条件的棚内进行。有条件的使用电热温床育苗。定植前要低温炼苗，以适应定植后的低温环境。具体育苗可参照嫁接育苗部分。

③定植前准备　整地施基肥，定植前土壤要深翻25厘米，充分晒垡。随后每667平方米混施优质腐熟有机肥6 000～8 000千克，硝酸钾30千克，翻2遍使肥土混匀。耙细搂平后南北向做畦，畦宽130厘米，高20厘米，走道宽50厘米，畦中间开一小沟。在畦面上覆盖银灰地膜后可采用膜下暗灌，降低棚内的湿度。

(2)定植　北方地区大棚春茬茄子一般在3月中下旬定植，要求棚内的平均气温不得低于10℃，土壤10厘米深处地温稳定在13℃左右，选择晴天上午进行，随栽随浇稳苗水，每667平方米定植1 500株左右。定植时将大小苗分开，有条件的可以在棚内覆盖小拱棚，增加温度，以利于缓苗。

（3）大棚春茬茄子定植后的管理

①温度管理　定植后的4～6天为缓苗期，关键是防寒保温，暂不通风，白天棚内温度以30℃左右为宜，为提高地温可于晴天上午进行中耕，夜间注意保温。缓苗后植株开始正常生长，适宜温度以白天25℃～30℃。温度太高会造成花器发育不良，呼吸作用旺盛，果实生长缓慢，易形成僵果。夜间温度不低于13℃～15℃，否则生长慢，易落花。夜间外界最低气温不低于13℃时，昼夜都要通风。

②水肥管理　茄子缓苗后一直到门茄长到鸡蛋大小时，一般不浇水施肥。如果浇水施肥过早，嫁接茄子就会只长秧而不结果，因此一定要控制好浇水施肥的时间。在门茄大量坐住后，生殖生长转为优势，此时浇水施肥会促进果实的生长，茄秧不会生长过旺而影响坐果率。在门茄膨大期可追1次肥，每667平方米施15～20千克尿素。以后每隔10～15天浇1次水，肥水和清水交替灌溉，保证果实的膨大和发育。每次每667平方米冲施肥料15～20千克(高钾)。每隔7～10天叶面喷施磷酸二氢钾或其他叶面肥，保证钾肥的供应。

③保花保果　大棚内湿度较大，前期温度较低、通风不良，不易受粉，因此必须采用激素处理才能坐果。在茄子开花后，可选晴天于早晨8～9时后用丰产剂二号或保果宁处理茄花，以增强坐果能力，促进果实膨大，达到早熟的目的。选晴天无露水时蘸花柄，药液配制不要太浓，以防产生药害，造成减产。随着温度的上升，蘸花浓度要逐渐降低，做到温度低时使用高限，温度高时使用低限。

④植株调整　大棚内空间小，前期光照弱，若不整枝，放任生长，植株枝叶密集，影响通风透光，果实越来越小，着色差，商品性降低。实践证明，大棚茄子整枝既能发挥高产潜力，又能提高果实商品性。大棚春茄子栽培整枝方法多采用双干整枝，亦可采用双干换头整枝方法。

51. 大棚春茬茄子割秧再生技术的操作要点是什么？

（1）割秧时期　茄子在春、秋两季价格高而产量低，进入盛夏就是高产低价期了。另外，茄子生长前期的门茄、对茄、四门斗茄果实大而肥，茄秧上部茄果小而瘦，不受市场青睐。通过割秧再生，正好把高产低价期向后推迟 30～40 天，在市场缺少茄子时，割秧再生茄子正好赶上高产高价期，所以茄子的高产低价期就是最好的割秧期。一般在 7 月中下旬进行割秧。

（2）割秧方法　茄子割秧是在对茄以上 10 厘米处的地方剪枝。它可把结果期向后推迟 40 多天，结出的茄果硕大、产量高、效益好。

割秧最好用剪果树用的果枝剪，在割秧处剪成斜口，剪后在剪口上涂抹 500 倍液的 50%多菌灵或甲基托布津药液，防止伤口被病菌侵染。最好在全部剪完、伤口干燥后，再抹上铅油，能防止伤口失水，提高成活率。剪后 5～6 天在剪口下就可发出新芽，选强壮新芽保留 2～3 个，其余及时掰除。

（3）割茬后的管理　植株修剪后，为促其加快发生新芽，生长新侧枝，要及时中耕松土，培土施肥。先撤去上年的旧地膜，用锄头将栽培垄两侧和中间充分翻松一次，然后在垄中间暗沟内每 667 平方米埋施优质农家肥 3 000 千克，尿素 20～30 千克，硫酸钾 10～15 千克。培土后形成 20 厘米高的栽培垄，并浇1次大水。剪枝后8～10天腋芽可形成侧枝，此时及时在垄上覆盖一层新地膜，并选留1条或2～3条粗壮侧枝。留1条侧枝时，将来分枝后仍按双干或三干整枝方式整枝。留2～3条侧枝的植株每条侧枝即是一根结果枝干，多余的侧枝应全部抹掉。再生枝一般斜向上生长，应及早吊秧固定。另外，由于不同植株再生枝发生的时间早晚不同，植株的高度也不相同，应根据植株的生长情况及时调节植株的生长势，防止植株间高度差异过大影响田间生长整齐度。

植株修剪后1个月左右，茄子就可开花结果。当有50%植株见果后，水肥齐供。掌握每隔10～15天浇1次水，隔1水追1次肥，每次每667平方米冲施尿素20～25千克，磷酸二氢钾5千克。后期注意追施钾肥，还可叶面喷施磷酸二氢钾及五合一叶面肥，防止植株早衰，其他管理同常规栽培管理措施。

52. 大棚秋茬茄子在育苗时应注意哪些问题？

大棚秋茬茄子栽培过程是先热后冷，后期有利的生长时间受到严格限制，因此要选用耐低温能力强果实膨大速度快的品种。适宜的主要品种有京茄一号、早熟京茄一号和京茄三号。

夏季高温条件育出壮苗的难度较大，育苗时要注意以下几点。

(1)加盖遮阳网 做法是在棚膜上部盖遮阳网，目的是防雨降温。小苗被雨水浇灌后会造成死苗，高温闷热对幼苗生长不利。

(2)用防虫网密封苗床 在温室大棚中育苗，要将风口用防虫网密封，严防蚜虫、白粉虱进入。

（3）**采用营养钵或穴盘育苗**　夏季育苗时间短，一般不用分苗，因此最好使用营养钵或穴盘育苗，充分保护根系，有利于定植后的缓苗。

（4）**防止秧苗徒长**　夏季温度高，秧苗易发生徒长，要加强通风。使用矮壮素抑制秧苗徒长，但要注意浓度不宜过高，只能喷1遍，防止产生药害。还可用优比浸种剂防幼苗徒长。

（5）**要定期喷药预防病害**　一般从出苗开始，每周喷1次药，交替喷洒百菌清、代森锰锌等，苗期用药量要小。

（6）**苗龄不宜过大**　夏季育苗栽小苗不栽大苗，3～4片叶定植比较合适。

53. 大棚秋茬茄子如何定植？定植后如何管理？

（1）**定植前准备**　定植前土壤要深翻25厘米，充分晒垡，随后每667平方米混施优质腐熟有机肥6 000～8 000千克、硝酸钾30千克，翻刨2遍使肥土混匀。耙细搂平后南北向做畦，畦宽130厘米，高20厘米，走道宽50厘米，畦中间开一小沟，在畦面上覆盖银灰地膜后可采用膜下暗灌，以降低棚内的湿度。

（2）**定植**　大棚秋茬茄子定植一般在8月上中旬，选择阴天或是傍晚进行，防止高温烤苗。定植后浇定植水。定植时将大小苗分开，便于以后的管理。定植密度每667平方米在1 300～1 400株。

（3）**温度管理**　定植初期正处于高温季节，管理上主要以降温为主，可采用遮阳网遮阳来降低温度。阴天可以不覆盖遮阳网，在晴天10～16时之间覆盖遮阳网，可以降低棚内温度2℃～3℃。以小水勤灌为原则，来降低地温，改变小气候条件。定植后遇到雨天需及时关闭风口，不要让雨水进到棚里。9月

20日以后，夜里温度逐渐下降，此时应在大棚底边四周加上薄膜，俗称“围裙”，但应保留通风口，当夜温降至13℃以下时，晚上要关闭通风口保温。白天打开通风，通风口由大到小管理。由于夜间关闭风口，湿度加大，每天早上太阳出来后和晚上关闭风口前，将风口拉开或拉大1小时，以利排湿。当夜温低于5℃，要在棚口四周用草帘临时保温。

(4)水肥管理 定植后处于高温季节采用小水勤浇来降温，每隔3～5天在傍晚浇1次小水。追肥不可过早，在门茄长到鸡蛋大小时开始追肥最好，在此之前以浇小水为宜。以后每摘1次茄子，需每667平方米施三元复合肥20～30千克，其间保持土壤湿润即可。在果实生长期间可用1.5%过磷酸钙加0.3%磷酸二氢钾进行叶面追肥，每隔10～15天喷施1次。茄果类蔬菜一定要保证在结果期钾肥的充分供应。10月上旬浇水，在晴天上午进行且水量要小。10月中旬温度下降应停止浇水。

(5)搭架、整枝 茄子进行搭架是为了避免由于果实过多，开展度过大，茄秧支持不住茄子的重量，而向旁边倾倒，出现田间管理无法进行的现象。在茄秧未封垄之前，用竹竿或是绳子在茄秧外侧搭架，将茄子的结果枝固定在竹竿或是绳子上，或者用绳子将结果枝吊起来，固定在棚架上。

整枝采用双干整枝和换头整枝相结合的方式进行。每采摘一次，采摘果下面的叶子可一次摘除，既增加透光，提高果实黑亮度，又在不影响产量的前提下，减轻了叶面病害的发生。

(6)采收 适宜秋茬茄子结果期生长的时间较短，因此门茄尽量提前采收，利于对茄以上茄子的膨大。秋茬茄子大量上市是在10月中下旬，此时如果茄子的价格偏低，又因10月中下旬后，温度逐渐降低，茄子生长缓慢，不易变老，可以采取让茄子在秧上等价的方法。对茄采收之后，留茄秧上部4～5个茄子先不采收，至10月底或者11月初，此时价格回升，将茄子一次性采收，从而获得较高的产值。

54. 小拱棚茄子如何培育壮苗？什么时间定植？定植密度是多少？

(1)小拱棚茄子的壮苗培育

①品种选择　适宜选用生长快、抗寒、早熟、高产符合当地消费习惯的品种，如早熟京茄一号、京茄三号和京茄一号。

②育苗　小拱棚茄子育苗时间比较长。一般在12月初进行砧木的浸种催芽(使用托托斯加或托洛巴姆)。用赤霉素浸种1昼夜，洗净后再用清水浸泡1昼夜。催芽使用恒温箱进行变温催芽(30℃ 8小时，20℃ 16小时)。砧木种子催芽过程中每天要投洗1遍，一般经过8天左右的时间种子即可出芽。出芽后将砧木种子播种在育苗床或平底穴盘中。当砧木长到两叶一心时分苗。砧木苗要分到营养钵中，便于嫁接时的操作。当砧木长到5～6片真叶，接穗苗长到4～5片真叶时就可以嫁接。嫁接及嫁接后的管理参照前面嫁接育苗部分。

(2)小拱棚茄子定植时间及密度　北方地区小拱棚茄子的定植时间是在4月上中旬。为提高地温，在定植前3～4天将地膜在畦面上铺好，两边用土覆盖，选在4月上中旬的晴天定植，按株距60厘米吊堰栽双行，如果墒情良好，可以使用点水定植的方法，这样浇水量小有利于提高地温。行距75厘米，株距60厘米。每667平方米定植1 500株。嫁接刀口位置要高于畦面，以防接穗接口受到侵染致病。2米棚每棚内定植双行，4米棚每棚内定植3～4行。定植后立即支小拱棚覆盖。支架使用竹片，每隔 2～3 米插一竹片，插好竹片后，立即覆盖棚膜。覆膜后及时浇定植水，水量不要过大。

55. 小拱棚茄子在定植后如何管理？

(1) 缓苗期的管理 定植后 1 周内不通风，以提高温度，促进缓苗。经 5～7 天，心叶开始生长即表示已完成缓苗。随着外界气温的升高，开始通风，依据温度变化掌握通风量大小。

(2) 门茄开花坐果期前的管理 缓苗后，在晴天中午浇缓苗水，进入中耕蹲苗阶段。选择在没有风的晴天中午前后，揭开棚膜进行中耕松土，一般每隔 3～5 天 1 次，连续 2～3 次。中耕要由浅到深，离植株由近到远，可提高地温，促进根系下扎。结合中耕向根部培土，注意不要将嫁接口埋住。温度管理白天保持在 23℃～28℃，夜间保持在 15℃～18℃。白天温度高时要注意通风。通风方法是小通风开两头，大通风对角扒风口。

(3) 门茄开花坐果期的管理 棚内温度达到 25℃时开始通风，避免高温伤害。门茄开花之前一般不浇水，防止出现浇水引起的落花现象。门茄坐住后，将门茄下部的侧枝摘除。

(4) 结果期的管理 当外界气温稳定在 17℃，看天气变化于 5 月中下旬选择阴天将拱棚膜撤掉，拆去拱架。

门茄瞪眼后进入结果期，植株上着生的门茄已坐住并开始迅速膨大，当门茄鸡蛋大小时，结束蹲苗。嫁接茄子一定要注意浇水的时机，控制茄秧的旺长。提前浇水，茄秧催起来后，坐果率将降低，只长秧不结果，结果的节位也将提高，不利于茄子早熟生产。门茄鸡蛋大小时应结合浇水追肥。每 667 平方米追施磷钾复合肥、尿素等 15～20 千克。对茄和四门斗茄相继坐果膨大时，是茄子需水高峰期。在对茄鸡蛋大小时进行第三次追肥，一般每 667 平方米施尿素 20～30 千克。中后期要增施钾肥和适量氮肥。

在茄子开花后，可选晴天于早晨八九点钟后使用丰产剂二号或保果宁，以增强坐果能力、促进果实膨大，达到早熟的目的。在蘸花时每升药液中加入 1 克扑海因，这样既可防治灰霉病又可起到防落花，促进早熟的作用。晴天无露水时蘸花柄，药液配制不要太浓，以防产生药害。随着温度的上升，蘸花浓度要逐渐降低，做到温度低时浓度使用高限，温度高时浓度使用低限。

小拱棚茄子为了达到早熟高产，必须整枝。对四门斗茄以上的茄子可以采取换头整枝的方式，提高茄子的品质和产量。当门茄摘除之后，将门茄下的老叶打掉，利于通风透光，减少病害。

五、甜椒保护地嫁接栽培配套技术

56. 如何选择适宜的甜椒砧木品种？常用的甜椒砧木品种有哪些？

（1）选择适宜的甜椒砧木品种

①高抗甜椒土壤传播病害　要求所用砧木品种对甜椒土传病害如疫病、根腐病和根结线虫病等，能免疫或高抗，并且抗病性不因栽培时期以及环境条件变化而发生改变。

②与甜椒的嫁接亲和力和共生力强而稳定　要求与甜椒嫁接后，嫁接苗的成活率不低于90%，并且嫁接苗定植后生长稳定，不出现中途死亡现象。

③不改变果实的形状和品质　要求所用砧木品种与甜椒嫁接后不改变果实的形状和颜色，不出现畸形果。

④对生长势的影响　不削弱植株的生长势，也不会造成植株徒长。

（2）目前常用的甜椒砧木品种　适合甜椒类品种嫁接的砧木有铁木砧、铁金钢和格拉夫特3个砧木品种。前2个为荷兰引进品种，后1个为北京市农林科学院蔬菜研究中心育成的砧木品种。铁木砧对疫病、根腐病、青枯病、枯萎病和茎基腐病等5种病害的抗性级别为高抗，接近免疫程度。铁金钢不但对上述病害高抗而且同时对根结线虫病有很高的抗性。格拉夫特根系发达，亲和力强，高抗根结线虫病、疫病、根基腐病和青枯病等土传病害。

另外一些茄子嫁接用砧木如托洛巴姆、耐病VF也可作为甜椒的砧木。

57. 如何对甜椒接穗和砧木种子进行播前处理？如何播种？

(1)种子播前处理

①消毒处理　甜椒种子容易携带病菌和病毒，引起烂苗和苗期病害，播种前要对种子进行灭菌处理。常用的消毒液有100倍的高锰酸钾药液、10倍的磷酸三钠药液和1 000倍的氢氧化钠药液等。先用温水把种子浸泡2～3个小时，再用药液浸种20～30分钟。浸种结束后，用清水将种子上的残留药液反复冲洗干净。

②浸种处理　种子消毒处理之后用温汤浸种，用52℃～55℃的热水浸种20～30分钟。具体做法是将烧水用的“热得快”插入一盆水中，温度到60℃左右时将种子放入热水中不断搅拌，停止加热，看水温下降到52℃左右时，加入开水，边加入开水边看温度计，让水温在52℃～55℃之间保持20～30分钟，能将种子表面大部分的病菌杀死。之后用28℃～30℃的温水浸种8～12小时。浸种后捞出种子催芽。

③激素处理　砧木种子发芽率低，发芽的时间也比较长，播种前应对种子做催芽处理。用赤霉素(浓度为100～200毫克/升)处理种子，首先用50毫升白酒将1克赤霉素溶解，对水2.5升将种子浸泡24小时，然后用清水投洗3次，再用清水浸泡24小时，然后进行变温催芽。

④接穗催芽处理　甜椒先进行温汤浸种。适合甜椒种子催芽的温度是25℃～30℃。催芽期间要保持种子包内种子疏松，种皮湿润，透气性良好。一般要求每隔10～12小时用新鲜的温水淘洗1遍种子，洗去种子上的黏液，条件适宜时一般催

芽4天就开始发芽。

⑤砧木变温催芽　为了使种子发芽整齐，将浸泡好的砧木种子放入恒温箱内，温度开始调到20℃处理16小时，再调到30℃处理8小时，每天如此反复调温2次，同时每天用清水洗涤1次。

(2)甜椒砧木和接穗的播种　将催好芽的种子播在育苗床上或装好营养土的平底盘中。在播种前1天下午先将盘装好，一定要将盘用水洇透，以盘下渗出水为宜。第二天播种，有利于地温的提高。为防止苗期病害，可在所浇的水中掺入适量的高锰酸钾或多菌灵等杀菌剂。由于茄果类蔬菜种子比较小，催芽的种子又比较湿不易播种，可以将发芽的种子和适量过筛细潮育苗土拌均匀后撒播。播种后，将育苗床或育苗盘盘面均匀覆盖一层厚5～8毫米的育苗土，用地膜将苗床或育苗盘盖严，保温保湿。夏季播种后在育苗盘上支小拱棚，在小拱棚上遮盖遮阳网降温。

58. 甜椒在播种后如何管理苗床？

(1)温度管理　甜椒是喜温蔬菜，发芽出苗期需要高温。白天适宜的温度在25℃～30℃，夜间温度应保持在20℃以上，当有60%～70%的苗子出来后，应将地膜撤掉，降低温度。幼苗期的适宜温度白天为25℃～28℃，夜间为12℃左右，温差在10℃左右。

(2)通风管理　以开缝通风方式进行调节温度，降低畦面湿度。通风应逐渐由小到大，还应避免冷空气直接吹到苗子而造成闪苗。

(3)水分管理　一般浇足播种水后覆盖地膜进行保湿，出苗期不用浇水。如果用育苗盘或育苗钵育苗，土层容易干，可适当补充一定量的温水，保证幼苗的生长。分苗前1天下午要浇水，使第二天分苗时水分充足。

(4)覆土 用过筛的细潮土均匀覆盖两次，第一次在种子刚拱土呈拉弓状时，覆土可防止秧苗戴帽出土。等到种子出齐撤掉地膜后，无露水时，进行第二次覆土，以弥合种子出土时形成的细缝，防止畦面干裂。根据畦面的湿度来确定所覆土的干湿程度，畦面干则覆湿土，畦面湿则覆稍干的细土。

(5)间苗 由于播种不匀，部分地方出苗过密，应及时间苗。间苗时将子叶不正常的苗和无真叶苗拔掉。间苗在子叶展开和第一片真叶展开时进行，保持2～3厘米的苗间距。

(6)分苗 在砧木苗长到两叶一心时分苗。把苗分到营养钵中。分苗前1天浇透水，以避免在移苗时伤根。移苗时不能栽得太深，以子叶露出土面3厘米为宜。冬季分苗时应注意选在晴天的午后进行，分苗后及时浇温水，以免地温降低很多。分苗时尽量将大小苗分开，便于分苗后的管理。

59. 甜椒砧木在分苗后如何管理？

(1)温度管理 分苗后浇足底水，白天可加盖小拱棚，使温度达到25℃～30℃，夜间使温度不低于15℃，地温在18℃～20℃。缓苗后，随着外界气温的升高，分苗床应开始通风换气。随后幼苗进入花芽分化阶段，应适当降低温度，白天温度控制在20℃～25℃，夜间温度保持在15℃～17℃。定植前10天进行低温炼苗，白天温度保持在15℃～20℃，夜间温度保持在5℃～10℃，在幼苗不受冻害的情况下，尽量降低夜间温度。低温炼苗要逐步进行，切不可以一步到位。

(2)水分管理 以苗床表土见干见湿为原则，既不能浇水过多，也不要过分控制水分。浇过分苗水至新根长出之前一般不浇水。等心叶开始生长后，根据土壤墒情选在晴天上午浇水。分苗后至嫁接前要适当控制浇水量(特别是对砧木苗)促进根系生长。

在炎热夏季育苗时，可以利用浇水降低地温，防止高温产生的不利影响。尽量用温度较低的井水，在傍晚进行。

(3)施肥管理 如果床土有机肥充足，秧苗生长正常，苗期一般不用追肥。如发现秧苗颜色淡绿，细弱，可用温水将磷酸二氢钾和尿素按1∶1比例溶解后配成0.5%溶液用喷壶喷洒。

60. 甜椒嫁接后如何管理?

(1)温度管理 嫁接后的头3天适宜的白天温度在25℃～30℃，一般最高温度不超过32℃，温度过高，甜椒苗失水加快，容易发生萎蔫，夜间温度17℃～20℃，地温在20℃左右。3天后逐渐降低温度，白天温度23℃～26℃、夜间温度16℃～18℃，温度过高(高于30℃)或过低(低于20℃)都会影响嫁接口愈合，降低嫁接苗的成活率。10天后撤掉小拱棚进入正常管理。

(2)湿度管理 嫁接后头3天小拱棚不得通风，湿度必须在95%以上，湿度不够可采取地面喷水的方法。嫁接后3天必须把湿度降下来，每天都要通风排湿，降低苗床内的空气湿度，防止出现过湿烂苗问题。不要让水滴抖落在苗上，小拱棚要做成拱圆形。苗床通风量要由小到大，以通风后嫁接苗不萎蔫为宜。嫁接苗发生萎蔫时要及时将棚膜合严。萎蔫严重时还要对嫁接苗叶面喷水。在通风时间上，要先早晚，渐至中午，嫁接苗不萎蔫时可全天通风。

(3)遮阳管理 嫁接后头3天要以遮阳为主，上午10时至下午4时都要进行遮阳，早晚适当见光；从嫁接后第三天开始，见光和遮阳交替进行，防止嫁接苗因光照不足，而导致叶片发黄、脱落，但要避开中午光照强的时候见光；以后见光时间逐渐加长，见光后待叶片开始萎蔫时及时遮阳；随嫁接苗的成活，中午要间断性地见光，待见光后不萎蔫时去掉遮阳网。

61. 适宜保护地栽培的甜椒品种有哪些？

大棚温室春季栽培选择既耐冬季弱光，抗寒性强，在弱光和低温条件下容易坐果，抗病性好的早熟高产优质品种。大棚温室秋季栽培应选耐寒，耐热能力强，适应性和丰产性均较强的中晚熟品种。

（1）朝研11号 植株生长旺盛，叶片大而肥厚，果实绿色，方灯笼形，果面光滑，果横径9～12厘米，纵径10～12厘米，果肉厚7～8毫米，单果重250～450克，每667平方米产量5 000～9 000千克。味甜，品质好，耐长途贮运，适合露地及大棚栽培。

（2）中椒7号 植株长势强。早熟种，定植至采收32天左右。露地栽培，株高37厘米，开展度44厘米×44厘米；保护地栽培，株高70厘米，开展度60厘米×60厘米。叶大，色深绿。第一果着生在主茎第八至第九节上。花大，花冠白色。果实灯笼形，纵径9.6厘米，横径7厘米，深绿色，果柄下弯，单果重100～120克。果肉厚0.4～0.45厘米，3～4心室，味甜质脆，维生素C含量110毫克/100克。中抗烟草花叶病毒病、黄瓜花叶病毒病和疫病。

（3）京甜3号 中早熟，果实正方灯笼形，果实绿色，商品率高，耐贮运，持续坐果能力强，单果重160～260克。低温耐受性强，高抗病毒病，抗青枯病，耐疫病。适于北方地区和南菜北运基地种植，是目前我国增产潜力较大的品种之一。

(4)甜杂3号 中早熟，叶片深绿，果灯笼形，青熟果深绿色，品质好，生长快，丰产稳产性好。单果重100克以上，最大果250克，每667平方米产量2 500～4 700千克。抗烟草花叶病毒病，耐黄瓜花叶病毒病和病毒病。适宜保护地及露地早熟栽培，亦可返季栽培，分甜、辣两类。

(5)甜杂1号 早熟，果长圆锥形，味甜，高产，单果重70克左右，最大果重100克，耐病毒病，耐低温，耐运输，适宜保护地及露地早熟栽培。

(6)京研甜椒2号 北京蔬菜研究中心新育成的中早熟甜椒一代杂种。生长势强，果实绿色，灯笼形，品质优，纵径12厘米，横径9.5厘米，果肉厚0.5厘米，单果重150克以上。耐贮运，抗病毒病、耐疫病、耐低温，坐果性好，丰产，每667平方米产量可达4 500千克，适于南菜北运露地及北方保护地栽培。

62. 如何安排北方地区甜椒保护地栽培的茬口?

北方地区甜椒日光温室冬春茬，在12月上旬播种，翌年2月上中旬定植，3月中旬收获。日光温室秋冬茬在7月下旬播种，9月中旬定植，10月中旬收获。塑料大棚春茬在1月上旬播种，3月中下旬定植，5月中旬收获。塑料大棚秋茬在6月下旬至7月上旬播种，8月上旬定植，9月下旬收获(表3)。

表3 北方地区甜椒茬口安排

栽培茬口	播　期	定　植	始收期	拉秧期
日光温室冬春茬	12月上旬	2月上中旬	3月中旬	7月中旬
日光温室秋冬茬	7月下旬	9月中旬	10月中旬	1月上旬

续表 3

栽培茬口	播　期	定　植	始收期	拉秧期
塑料大棚春茬	1月上旬	3月中下旬	5月中旬	7月上旬
塑料大棚秋延后茬	6月下旬至7月上旬	8月上旬	9月下旬	11月上旬

63. 日光温室冬春茬甜椒在育苗时应注意哪些问题？如何定植？定植后如何管理？

(1)日光温室冬春茬甜椒育苗时应注意的问题

①品种选择　日光温室冬春茬甜椒品种应选择耐低温弱光、抗病、早熟、植株开展度小，符合当地消费习惯的品种。北京地区适宜品种有京甜 3 号、中椒 7 号和甜杂 1 号。

②播种育苗　北方地区播种在 12 月上旬，温度较低，采用加温温室育苗，最好使用地热线。播种前进行浸种催芽，将种子播在育苗床内，播后用薄膜覆盖，白天温度 25℃～30℃，夜间温度保持在 20℃以上，当有 60%～70%幼苗出来后，应将地膜撤掉，降低温度。幼苗期的适温白天为 25℃～28℃，夜间为 15℃左右，温差在 10℃左右。幼苗两叶一心时分苗，将幼苗分在营养钵或育苗盘内。分苗后浇足底水，白天温度在 25℃～30℃，夜间使温度不低于 15℃，地温 18℃～20℃。缓苗后，白天温度控制在 20℃～25℃，夜间温度 15℃～17℃。定植前 10 天低温炼苗，白天温度控制在 15℃～20℃，夜间在 5℃～10℃。在幼苗不受冻害的情况下，夜间尽量降低温度。低温炼苗要逐步进行，温度由高到低。

(2)日光温室冬春茬甜椒定植

①定植前的准备工作　在前茬作物收获后，有条件的农

户要对日光温室进行消毒。具体做法是，按温室空间，每立方米用硫黄4克加80%敌敌畏0.1克和锯末8克，均匀混合后，用旧报纸分成小包，点燃密闭1昼夜即可，然后打开通风口进行大通风，散出药味。

消毒后，要进行施肥整地，每667平方米日光温室宜施腐熟的有机肥5 000～10 000千克作基肥，均匀撒施，并深翻细耙，使肥料与土壤充分混合。在定植前1周左右，整地做畦，做成70厘米宽、20厘米高的南北向小高畦，要求畦面平整。同时在畦面中间开一条深10厘米、宽20厘米的小沟，以便于“膜下暗沟浇水”或铺设滴灌管滴灌。

②定植　温室冬春茬定植时间翌年2月上中旬，定植时土壤的温度不能低于12℃。定植宜在晴天进行，栽培深度以苗坨的高度为准，不宜过深。同时注意不要将土坨打散，保持其完整。可先铺膜再定植，也可先定植再扣膜。定植后及时浇定植水，一般每667平方米定植1 800～2 000株。

(3)日光温室冬春茬甜椒定植后的管理

①温度管理　定植之后，为了促进缓苗，要保持高温、高湿环境，白天一般不通风，并要适当提早盖草苫时间，最高温度不宜超过30℃，否则会给坐果和果实的发育带来不良影响。5～7天后，在幼苗缓苗后，即可进行正常管理。白天气温保持在25℃～30℃，特别是在中午前要保持在26℃～28℃，利于光合作用的顺利进行，夜间温度控制在15℃～20℃，地温在20℃左右。气温超过30℃要适当通风降温，温度低于25℃时则要逐步关闭通风口保温。主要通过控制覆盖草苫的迟早、通风量的大小、通风时间长短来调节日光温室的温度。有条件的地方，可于寒流来临时，在温室内放置热风炉或火炉等临时加温设备，以保证室内温度。温室通风口应在温室的顶

部，冬季不要利用边缝通风，否则冷空气直接与作物叶片接触，易造成冷害。

随着天气转暖要逐渐加大通风量和延长通风时间，当顶部通风口不能解决问题时，可打开边缝通风，加强对流。当外界最低温度稳定在10℃以上时，不需再覆盖草苫。夜间温度稳定在13℃以上时，可打开底脚缝和后窗昼夜通风。

②施肥管理　甜椒幼苗期需肥量不大，肥料的吸收主要集中在结果期。甜椒连续开花结果的习性使其需要消耗大量肥料。

在施足基肥、浇透定植水的情况下，定植后一般不需补充肥、水，以促进根系生长。门椒坐果并开始膨大，长到3厘米左右长时，要追1次肥、浇1次水，每667平方米可施硝酸钾10～15千克或硫酸钾20千克，结合浇水，使肥料溶于水中，随水于膜下沟施，或将肥料结合滴灌施肥。每采收2～3次追肥1次。生长中后期随着气温的回升，生长发育加快，采收1～2次就应追肥1次。为防止植株早衰，可用0.3%的磷酸二氢钾加0.5%的尿素溶液于叶面喷施。

③吊架整枝打杈　冬春茬甜椒种植密度较大，单株留果数量多，适宜采用吊架栽培。吊架应选用塑料吊绳在甜椒侧枝伸长，中上部开始向下弯之前进行。在每行甜椒上方南北方向拉一道铁丝，拴绳时将绳的一端拴在甜椒栽培上方的铁丝上，下端用活口系到侧枝的底部，每根侧枝一道绳。用绳子将侧枝轻轻缠绕。要选择在晴暖天午后，植株枝干失水、枝条质地较柔软时进行。拴绳的绳扣不要太紧，拴成活扣，便于以后定期松动绳扣。

温室冬春茬甜椒栽培期比较长，大果型品种结果数量少，对果实的品质要求高，应选择三干整枝或四干整枝法。

④蘸花　由于温室内的环境易造成甜椒落花落果，为了提高甜椒的坐果率，需要对甜椒进行蘸花处理。蘸花使用的激素有保果宁，注意高温时使用低浓度，低温时使用高浓度。保果宁和丰产剂二号不易产生畸形果。亦可用保花坐果素进行叶面喷施。

64. 甜椒植株的整枝方法有哪些？

（1）三干整枝法　门椒下面的侧枝全部打掉。四门斗椒坐果后，将粗壮一级分枝上的两个二级分枝和细弱一级分枝上长出的侧枝，按留强去弱的原则，保留强分枝，构成 3 条结果枝条。该方法适于较大果型品种的高产优质栽培时选用。

（2）四干整枝法　也叫双杈整枝法。此方法将 4 条二级分枝作为骨干枝，分枝上再长出的侧枝，选择其中 1 条粗壮枝开花结果，其余的侧枝全部打掉。此法适于大多数甜椒类和牛角椒类品种高产栽培时选用。

（3）多干整枝法　此方法是在四干整枝法的基础上，保留 5～6 条健壮的三级侧枝作为结果枝干，对一级分枝较多的品种也可保留 5～6 条二级分枝作为结果枝干。该法适于大多数羊角椒和牛角椒品种栽培时选用。

（4）不规则整枝法　先将主干上一级分枝下的侧枝打掉，结果中后期，根据田间封垄的情况以及植株的结果情况，对过于密集的侧枝进行适当疏枝。该法适于羊角椒类品种栽培时选用。

65. 日光温室秋冬茬甜椒在育苗时应注意哪些问题？如何定植？定植后如何管理？

（1）日光温室秋冬茬甜椒育苗时应注意的问题　日光温

室秋冬茬栽培要选用具有耐高温、弱光，较耐低温，抗病能力强和丰产性好的品种。

日光温室秋冬茬甜椒育苗时间正处于高温、高湿的夏季，夏季高温条件育出壮苗的难度较大，育苗时要注意以下几点。

第一，育苗必须采用加盖遮阳网的方法。做法是在棚膜上部盖遮阳网，目的是防雨降温；小苗雨水浇灌后会造成死苗，高温闷热环境对幼苗生长不利。

第二，要用防虫网密封苗床，在温室大棚中育苗，要将风口用防虫网密封，严防蚜虫和白粉虱进入。

第三，夏季育苗时间短，一般不用分苗，因此最好使用营养钵或是穴盘育苗，充分保护根系，有利于定植后的缓苗。

第四，夏季温度高秧苗易发生徒长，要加强通风，使用矮壮素抑制秧苗徒长。但要注意浓度不宜过高，只能喷 1 遍防止产生药害。

第五，要定期喷药预防病害。一般从出苗开始，每周喷 1 次药，交替喷洒多菌灵、杀毒矾、病毒 A 等。

第六，苗龄不宜过大，夏季育苗栽小苗不栽大苗，4～5 片叶时定植比较合适。

（2）日光温室秋冬茬甜椒定植　适宜的播种期在 7 月下旬前后，9 月中旬即可定植。大果型品种每 667 平方米定植 2 000 株左右，小果型品种每 667 平方米定植 2 500 株左右。

①定植前的准备　每 667 平方米日光温室宜施腐熟有机肥 5 000～8 000 千克作基肥。其余具体操作方法参照冬春茬甜椒定植。

②操作要点　定植期间温度较高，应选择阴天或晴天的傍晚进行，不要在晴天的中午前后栽苗，防止栽苗后发生萎蔫，造成死苗。随栽苗随浇水，大小苗以及壮弱苗分开栽。

(3)日光温室秋冬茬甜椒定植后的管理

①温度管理　定植初期正处于高温季节，温度管理以降温为主，可采用遮阳网遮阳来降低温度。阴天可以不盖遮阳网，在晴天上午10时至下午4时覆盖遮阳网，可以降低棚内温度2℃～3℃。可采用小水勤浇的原则，来降低地温，改变小气候条件。定植后遇到雨天需及时关闭风口，不要让雨水进到棚里。9月下旬以后，天气渐凉，可在温室前近地面处安装薄膜，但仍保持通风，当夜间温度降到13℃以下，应闭合通风口，注意防寒。温度按植株所处生育阶段的要求掌握。进入10月份，外界气温降低，更应本着通风口由大到小的原则管理。10月下旬应加盖蒲席或草苫，结果期随着气温逐渐降低，为节省能源可按大温差标准管理，夜温最低可维持在10℃～12℃水平，白天掌握在25℃～30℃。草帘采用晚拉、早放的原则。温度如果低于此水平，最好做短期补充加温，气温回升后，应注意通风和排湿。进入11月份后，常有寒流侵袭，应提前做好防寒和防早霜的准备，根据天气状况及时加盖草苫。外界温度逐渐降低，应以保温为主进行温度管理，白天温度应保持在20℃～25℃，夜间温度为13℃～18℃，最低气温应控制在8℃以上，特别是在严冬季节，要尽量保持较高的夜间温度，以促进开花坐果。

②水肥管理　一是坐果前期管理。在施足基肥的基础上前期可不再追肥，若基肥不足可穴施优质的复合肥料每667平方米50千克。二是坐果期管理。注意控制浇水和追肥，中耕培土适当蹲苗，调节好地上和地下部生长的关系。门椒坐齐长到3厘米大小后方可追肥浇水。三是结果期管理。门椒坐住后进入结果期，要求充足的水肥供应。养分要全，注意钾肥的量要充足，一次量要小，次数要勤，每隔10～15天1次。水

肥管理原则是看长势、看天气、看土质。结果中后期，温度较低，浇水时应尽量浇温水，避免浇水后地温下降不利于植株的生长。

③整枝打杈绑架　整枝用三干整枝或四干整枝。在门椒采收后(进入10月份)植株长势旺盛要及时绑架，防止倒伏，在甜椒植株外侧可用竹竿拉绳做成框架，把果实固定在架上。

66. 大棚春茬甜椒在育苗时应注意哪些问题？如何定植？定植后如何管理？

(1)大棚春茬甜椒育苗应注意的问题

①品种选择　大棚春茬甜椒的主要供应期在5～6月份，是温室的供应后期，露地大量上市的前期。因此应选择早熟、耐低温、抗病的品种，如中椒7号、朝研11号和京甜3号。

②播期的确定　北京地区大棚春茬栽培在3月中下旬定植，苗龄70～80天。在1月上旬播种比较适宜。

③育苗　育苗时期正处于冬季严寒季节，应使用加温温室进行育苗，有条件的使用电热温床育苗。不仅缩短育苗时间，也容易育成壮苗。

(2)大棚春茬甜椒定植　为了提高大棚内的土壤温度，在定植前20天提早扣棚，密闭闷棚提温，待土壤解冻后施肥和整地。一般每667平方米施优质腐熟有机肥5 000～8 000千克，过磷酸钙50千克，硫酸钾15千克，二铵50千克。做成畦高10～15厘米，畦面宽70厘米，畦距60厘米的小高畦，覆盖地膜。

单膜覆盖的大棚于3月中下旬，大棚内气温稳定在15℃以上，10厘米地温稳定在12℃时，选晴天上午定植。采用大小行定植，大行距70厘米，小行距60厘米，株距40厘米，每

667 平方米定植 2 000～2 200 株。

(3)大棚春茬甜椒定植后的管理

①温湿度管理　定植后，及时闷棚提温，可促进缓苗。白天温度控制在 25℃～30℃，超过 30℃时，开顶缝小通风，夜间温度在 15℃～20℃，保持 5～7 天；适宜甜椒生长的温度在 20℃～28℃，低于 15℃时生长缓慢，高于 35℃会导致授粉不良，以棚温保持在 20℃～28℃、地温以 23℃最为理想。缓苗后至开花坐果，白天温度在 25℃～28℃，超过 30℃时开始通风，低于 20℃时及时关上风口，夜间温度在 15℃～18℃。当外界气温稳定在 15℃以上时，夜间可以不关风口。为防止病害，阴天要多通风，雨天停止通风。

②水肥管理　定植后要及时浇定植水，但水量不要太大。7～10 天后，根据天气、土壤湿度浇 1 次缓苗水，水后连续进行中耕，蹲苗。直到门椒膨大前不要轻易浇水，以防水分过多引起植株徒长和落花落果。当门椒核桃大小时，进行第二次施肥、浇水，每 667 平方米施三元复合肥 20～30 千克。可以随水追肥或穴施，穴施后及时浇水，防止熏苗。以后每隔 10～15 天浇 1 次水，保持地面湿润。在门椒和对椒采收以后每 667 平方米施硝酸钾 15 千克加硫酸铵 20 千克，或三元复混肥 30 千克。在果实生长期间可用 1.5%过磷酸钙或 0.3%磷酸二氢钾溶液进行叶面追肥。

③蘸花、疏花和疏果　一是可使用防落素、保果宁和丰产剂二号。蘸花时可加入 0.2%速克灵，防治灰霉病。还可用保花坐果灵叶面喷施。二是疏花。把最早开的畸形花摘除。三是疏果。去掉畸形果和病果。

④植株调整　大棚春茬栽培使用四干整枝。在门椒采收后秧子长势旺盛要及时搭架，防止倒伏。在甜椒植株外侧可用

竹竿拉绳做成框架，把果实固定在架上。

67. 大棚秋茬甜椒如何育苗？如何定植？定植后如何管理？

秋季大棚甜椒栽培最适宜的播种时间为 6 月 25 日至 7 月 5 日。过早播种、高温时间长，会使病害尤其是病毒病发生严重、早衰；播种过晚、生产期短，影响产量。

(1)大棚秋茬甜椒的育苗　育苗的目的是培育壮苗，夏季高温条件下育苗必须采用小拱棚加盖遮阳网的方法。做法是在棚膜上部盖遮阳网，目的是防雨降温。小苗雨水浇灌后会造成死苗，高温闷热对幼苗生长不利。提倡使用穴盘基质育苗。

①育苗基质的配制　育苗基质可采用草炭加蛭石和有机肥加园田土两种方法。穴盘育苗基质中的草炭和蛭石的比例为 2 份草炭、1 份蛭石，或是 3 份草炭、1 份蛭石，用蛭石覆土，两者的用量基本上是 1∶1。用草炭和蛭石作基质时，要进行消毒处理。基质育苗配合三元复合肥，每立方米基质加三元复合肥 2.2～2.7 千克，或尿素 1.3 千克加磷酸二氢钾 1.5 千克。

穴盘育苗有机肥和园田土的比例为 1∶1，有机肥选择充分腐熟优质有机肥(鸡粪最好)，园田土要选择没种过茄果类蔬菜的地块取土，配制好的肥土可适当加少量的复合肥料，加入壮秧剂效果也比较好。壮秧剂含有养分，还有调节生长的作用。

最好的基质配方是：草炭＋蛭石＋有机肥＋无机肥＋壮秧剂，可为培育壮苗创造良好的营养条件。穴盘可选用 54 圆锥孔苗盘。

②浸种催芽　温汤浸种，种子先用 52℃～55℃温水处理 20 分钟，然后浸泡 8 小时左右，控出水后用湿毛巾包好放在 25℃条件下催芽。催芽 3 天后即可播种。催芽过程中每天用

清水投洗1次。

③播种　最好是种子刚露出小芽时播种，每孔放1粒种子，在盘的四周每孔点2粒种子，为将来补苗用。穴盘播种前要浇足水，以盘下渗出水为宜。播种后覆细潮土0.5～1厘米，用蛭石或细沙土最好。

④苗期管理　苗期管理的原则是控制水和肥。

播种刚露出小芽的种子出苗较快，一般3～4天就可出苗，出苗50%以上时可适当的再覆土1次，苗出齐后要及时揭开遮阳网。遮阳网在小苗期需早、晚揭开，中午覆盖（上午11时后至下午3时前盖遮阳网）。苗期温度管理无法控制，可通过水分来调节，苗期浇水要以浇小水为主。苗的生长速度快，茎细高了就要控制水分。穴盘育苗宜采用随水带肥，每次浇水都要施用营养液，营养液可用柿子椒专用营养液喷洒（北京利得公司产品）。也可用有机、无机叶面肥喷洒叶面，用叶面肥（绿之源叶面肥）稀释倍数要大（加水要多）。

（2）大棚秋茬甜椒定植

①定植前的准备　在深翻、整平地后开沟施肥，每667平方米施优质有机肥5立方米以上，复合肥50～100千克。做畦可做成双行或单行，最好是小高畦。小高畦上可盖灰膜或黑膜。双行栽培采用大小行（大行宽80厘米、小行宽60厘米）；单行行距70～80厘米。畦长在10～15米最好，不要过长，以方便浇水。

②定植　6月下旬育苗，在8月上旬（立秋前后）定植最好，苗龄在35天左右，夏季育苗栽小苗不栽大苗，4～5片叶时定植比较合适。定植时去掉小苗、病苗和弱苗，在一个畦内苗子要均匀一致，定植单棵。每667平方米栽植朝研11号2000株左右，中椒7号在2500株左右。单株定植要浅栽，定

植过深缓苗慢，不利根系的发育。定植后及时浇水，水量不要过大，坨吃足水分就可。

(3)大棚秋茬甜椒定植后的管理

①温度管理　参照大棚秋茬番茄栽培管理技术要点。

②水肥管理　坐果前期管理和坐果期管理参见日光温室秋冬茬甜椒定植后的管理。门椒坐住后进入结果期，要求充足的水肥供应。养分要全，钾肥的量要充足，一次量要小，次数要勤，每隔7～10天1次。水肥管理原则是看长势、看天气、看土质。9月份大棚栽培气候条件对甜椒生长最有利，后期注意防病保秧，促进果实的膨大是丰产的关键。10月中旬结束施肥，浇水次数也要减少。

③整枝打杈绑架　门椒下部的侧杈全部打掉，上部留4个杈，其余的侧杈也要全部打掉。在门椒采收后(进入10月份)植株长势旺盛要及时绑架，防止倒伏，在甜椒植株外侧可用竹竿拉绳做成框架，把果实固定在架上。在对椒采收后每个侧枝留2～3个果，去掉小果和对椒下部叶片，在最上部一个果后留3～4片叶打尖，每株留8个果左右进行延迟生长。

④采收和贮存　在门椒和对椒采收后，上部的果实可延迟采收，到11月初立冬前后生长结束。前期早采，后期晚采，看市场价格灵活掌握。若采收期间价格不好也可进行短期贮存，立冬前后把秧拔起，堆放在一起，用草帘覆盖。还可带杈采收(采收时间最好在早上)，把果实堆放一起用草帘覆盖。短期贮存一般不超过15天。也可采用沙埋的办法进行贮存(潮湿的细沙土)，贮存期可适当延长。

六、茄果类蔬菜保护地病害防治技术

68. 茄果类蔬菜病害无公害防治技术的要点是什么？

（1）**选用抗病品种**　这是防治各种病害最经济有效的途径，尤其对于一些难于防治的病害更能收到事半功倍的效果。

（2）**种子处理**　很多病害都可以通过种子传播，因此种子处理对防治土传病害有重要作用。

①温汤浸种　温汤浸种操作简单易行，能够起到浸种和消毒的双重功效，通过适当的温度处理，能够杀死附在种子表面和部分潜在种子内部的病菌。方法是使用52℃～55℃的热水浸种20～30分钟。温汤浸种要严格掌握烫种的时间和水温，才能达到既能杀死病菌又不烫伤种子的目的。处理时要用温度计一直插在热水中测定温度，以便随时调节。加入热水时切记不要直接浇在种子上，以免烫伤种子。

②药剂消毒　防治病毒病可以使用10%磷酸三钠，加2%氢氧化钠，或0.1%高锰酸钾，或200倍的稀盐酸钝化病毒。细菌性病害可以用1%高锰酸钾溶液浸种，早疫病用40%甲醛溶液浸种。用药液浸种后，要用清水将种子冲洗干净，才能催芽或直接播种，以免发生药害。

（3）**合理施肥**　科学施肥，推行配方施肥、测土施肥，依据不同蔬菜生理需求施肥，要施足有机肥。有机肥不会导致蔬菜产品硝酸盐污染，并且产品耐贮存、品质好。有机肥应经高温堆沤腐熟，杀死病菌、虫卵后方能使用。使用缓释肥料，减少后期追肥次数。避免偏施氮肥，氮肥应深施盖土减缓硝化作用，降低土壤中的硝态氮的浓度。增施磷、钾肥，适时叶面施肥，防止植株早衰，增强抗病能力。

(4)改善栽培设施 日光温室应尽可能提高标准，改善通风透光条件，张挂反光膜；采用无滴膜，减少结露现象；全膜覆盖，膜下灌水；最好在棚内建蓄水池并实行滴灌，可有效降低空气湿度，避免地温过度降低，减少病害发生和流行的可能性。

(5)合理间套作与轮作倒茬 连作重茬会造成养分失衡与匮乏，造成菌原积累，加重许多病害发生。可通过科学栽培加以调节，减轻病害发生，如茄子地混种韭菜，可防治茄子根腐病、萎蔫病；茄子与茼蒿同穴栽可抑制茄子枯萎病；与葱蒜类和十字花科类轮作，可有效控制枯萎病和早疫病等。大葱的根圈能产生抗菌微生物，对病菌能起到抑制作用，从而防止多种蔬菜病害。通过将大葱同其他蔬菜等作物间作、混作或轮作，能有效地阻止病原菌的繁殖，使土壤中已有病原菌的密度下降，从而达到为土壤消毒的目的。

(6)清洁田园 前茬作物收获后要彻底清除病株残体和杂草，深翻土壤，减少室内初侵染源；发病后及时摘除病花、病果、病叶，或拔除病株，带到室外销毁，可有效控制病害蔓延。严禁将病花、病果、病叶或病株随便放置在保护地内，造成二次污染。

(7)采用膜下暗灌栽培技术 膜下暗灌技术是棚室蔬菜地膜全覆盖后，浇水不浇大垄沟，而从地膜下浇小垄沟。使用膜下暗灌要将定植畦做成瓦垄畦，即中间低两边高，将植株栽在瓦垄畦两边的内侧。按照垄的长度以及埋入土中的长度把地膜剪好，然后将剪好的地膜放在两行苗的中间，再把地膜向两侧垄沟横拉，在每株苗处用刀片划开地膜将苗拉出，而后将地膜拉平到瓦垄畦外侧，用土将边缘埋好，地膜开口处用少许田土或营养土封严。膜下暗灌时，一要注意浇水量适中；二要使小垄沟均匀受水，两头见水；三要及时封闭进水口，尽量避免水蒸气逸出。膜下暗灌的优点，一是不增加温室内空气湿度，可减少发病的机会，还可减少棚内起雾的机会，从而不影响光照，可迅速提高棚温。二是可以减少土壤水分汽化损失，从而减少浇水次数，节约用水。

（8）推广稀植、直播栽培技术 稀植技术的应用可以减少种子的使用量，减少农户的投入。稀植降低了每667平方米的定植株数，增强了通风透光，从而降低了病害的发生。

直播比移栽省工省时，减少劳动力支出，降低了劳动强度。移栽有运苗、散苗等农事操作，3个劳动力要1天才能移栽667平方米地，采用直播2个劳动力半天就可完成。

直播较移栽苗生长期短，因直播没有缓苗期，伤根少、根系发达，生长迅速，缩短了生长期。直播苗根系发达，伤根少，土传病害明显减轻，减少了农药的使用量。

（9）嫁接技术 蔬菜进行嫁接栽培，能有效提高蔬菜的抗逆性和水肥的利用率，改善品质，增加产量。嫁接苗可以连茬栽培，增加作物的收获茬数，并且其耐低温性也增强，可使接穗植株获得发达的根系，增强对水肥的吸收能力，节约肥料。嫁接栽培利用砧木对病害的高抗性和免疫性，可以有效地防治土传病害的发生，减少农药的使用量，做到蔬菜无公害化生产。

（10）蔬菜遮阳网覆盖栽培 遮阳网的主要功能有降低畦面气温及土壤温度，改善田间小气候；改善土壤理化性质；遮挡雨水；减少土壤水分蒸发；保温、抗寒、防霜冻，以及避害虫、防病害等。

①夏秋菜高温期育苗　大(中)棚上黑色遮阳网和薄膜结合覆盖,盖顶不盖边,膜防雨,网遮阳,降温效果好,一般12米跨度的棚架,需用幅宽2米的遮阳网4幅拼合覆盖,压膜线固定。晴天,气温在30℃～35℃时,上午9时盖,下午4时揭。气温高于35℃时,上午8时盖,下午5时揭。晴天盖,阴天揭。播种至齐苗、移苗至成活连续盖。齐苗和缓苗后视天气情况或揭或盖。

②夏菜提前和秋菜延后栽培　视覆盖作物高矮或用浮面覆盖、小拱棚、平棚以及大(中)棚覆盖均可,方法及管理技术同前。

(11)用生物农药防治　生物农药具有高效无毒的特点。用农抗120防治白粉病和番茄疫病,井冈霉素防治立枯病,多抗霉素防治霜霉病、白粉病,武夷霉素防治黄瓜霜霉病,木霉菌、荧光假单孢杆菌防治疫病、枯萎病等病害。

69. 茄果类蔬菜苗期的病害有哪些?应如何防治?

(1)猝倒病　属真菌性病害,从种子发芽至幼苗长出3～4片真叶期间易感病。幼苗出土前感病会导致烂种;幼苗出土后感病,初期在幼苗茎基部呈水浸状病斑,以后病斑迅速扩大绕茎一周,幼茎基部缢缩成细线状,很快变软倒伏,但幼叶仍保持绿色。潮湿时,病部组织及地面长出白色霉层。

(2)立枯病　属真菌性病害,多发于育苗中后期,发病初期在幼苗茎基部形成椭圆形暗褐色病斑。病苗白天萎蔫,夜间恢复正常。以后病斑逐渐扩大、凹陷,病部组织缢缩成线状干枯,植株死亡,但保持直立不倒伏。

（3）沤根　属生理性病害，由低温高湿引起，多发生在育苗前期，表现为幼苗萎蔫，根系呈黄锈色，不发新根，根皮呈水浸状腐烂。

以上3种病的防治方法如下。

第一，种子消毒。播前用52℃～55℃温水浸种30分钟，或用50%福美双或50%多菌灵拌种，用药量占种子重量的0.3%。

第二，采用穴盘基质育苗。

第三，处理中心病株。苗床发现中心病株时，立即连同根际基质一同拔除。

第四，喷药防治。对猝倒病可用25%瑞毒霉可湿性粉剂500～800倍液，或64%杀毒矾M8可湿性粉剂500～600倍液，或75%百菌清可湿性粉剂600倍液，每隔5～8天喷洒1次，连喷2～3次。对立枯病，发病初期喷淋50%立枯净可湿性粉剂800倍液，或36%甲基硫菌灵悬浮剂500倍液，或5%井冈霉素水剂1500倍液。猝倒病和立枯病混发时，可用50%福美双可湿性粉剂800倍液喷淋，每平方米2～3升，每隔7～10天1次，连续防治2～3次。

70. 怎样防治番茄早疫病和晚疫病？

（1）防治番茄早疫病

①发病症状　叶片最初为水渍状，暗褐色，近圆形或不规则形病斑，有同心轮纹，从下部向上发展。茎上病斑多分枝，色发灰，近椭圆形，稍有凹陷，所以纹理不明显，重时有黑霉并断枝。青果病斑从蒂部和裂缝处发生，近圆形，稍陷发硬，有黑霉。

发病时，从叶片上可看到1～2厘米的大病斑，病斑边缘深褐色，周围有黄色晕圈，形成同心轮纹。茎部的分枝处，细看有褐色的病斑，并因果实发育膨大后不能支持而折断。

②防治方法　一是加强栽培防病。播前用温汤浸种消毒，拉秧后清理田园，与非茄科蔬菜间隔2年轮作，配方施肥，合理密植。二是药剂防治。用45%百菌清烟雾剂每667平方米250克薰烟，闷棚过夜。或用70%代森锰锌可湿性粉剂100倍液，或65%代森锌500溶液，或60%杀毒矾可湿性粉剂500倍液喷雾。

(2)防治番茄晚疫病

①发病症状　番茄幼苗、叶片、茎和果均可发病，多从下部叶片开始，从叶缘形成暗绿色水浸状"V"形病斑，扩大后呈褐色，潮湿时边缘生白霉，干后病斑呈青白色。青果病斑开始呈油渍状，暗绿色后变黑褐色，稍硬凹陷。病斑边缘呈云纹状并生白霉、腐烂。

②防治方法　一是栽培措施。采用高畦深沟覆盖地膜种植，整平畦面以利排水，及时中耕除草及整枝绑架，薄膜覆盖保护地栽培应特别注意通风降湿，合理密植，增加透光，浇水时严禁大水漫灌，采用小水勤浇，温室要勤通风，降低棚内湿度，避免叶面长时间结露等，防止高湿引发病害。增施优质有机肥及磷、钾肥，使用5%糖加0.15%尿素加0.15%磷酸二氢钾溶液叶面喷雾，增强植株抗性。二是药剂防治。在苗期开始注意喷药防病，一般采用64%杀毒矾可湿性粉剂（或者大生M-45可湿性粉剂）500倍液，每隔7～10天喷施1次。及时发现和拔除中心病株，在病株率不到1%时就将病叶摘除，放塑料袋中带出室外。然后用58%甲霜灵·锰锌可湿性粉剂500倍液，或58%瑞毒霉锰锌可湿性粉剂600倍液，或72%杜邦克露可湿性粉剂1 000倍液喷洒，每隔7天1次，连喷

2～3 次。棚室用 45％百菌清烟雾剂，每 667 平方米 250 克熏烟过夜，一般在傍晚进行。

71. 怎样防治番茄叶霉病？

（1）发病症状　初期在叶片背面出现一些褪绿斑，后期变为灰色或黑紫色的不规则霉层，叶片正面在相应的部位褪绿变黄，严重时叶片常出现干枯卷缩。从发病的顺序看，经常从植株下部向上蔓延。温度在 9℃～34℃，病原都能生长发育，发育的最适温度为 20℃～25℃。在最适温度且湿度较大（相对湿度在 80％以上）时，仅需 10～15 天就可普遍发病。

（2）防治方法

①选用抗病品种　如硬粉 8 号、佳粉系列品种、金棚一号、蒙特卡罗和绿亨 108 金樽等。

②种子消毒　种子用温汤浸种，52℃～55℃水浸种 30 分钟。

③加强管理　控制温、湿度、增加光照，预防低温高湿，尽量使叶面不结露或缩短结露时间。栽培前期注意提高棚室温度，后期加强通风，降低湿度。高温闷棚，选择晴天中午时间，给以 2 个小时左右的 30℃～36℃高温处理，然后及时通风降温，对病原有积极的控制作用。

④药剂防治　发病初期可用 70％代森锰锌可湿性粉剂 1 000 倍液，或 40％百菌清可湿性粉剂 500 倍液，或 70％甲基托布津可湿性粉剂 1 000 倍液喷洒，或每 667 平方米用 40％百菌清烟剂 300 克熏烟。

72. 怎样防治番茄灰霉病？

（1）发病症状　叶片染病后病斑呈“V”字形向内扩展，初期呈水浸状浅褐色、边缘不规则、具深浅相间轮纹，随后干枯表面有灰霉致叶片枯死，茎染病，开始呈水浸状小点，逐渐扩展成椭圆形斑，湿度大时病斑上长出灰褐色霉层。果实染病，青果受害重，果皮呈灰白色，软腐，病部出现灰绿色霉层，果实失水后僵化。

（2）防治方法

①控制棚室温、湿度，加强栽培管理　上午超过33℃开始通风，下午降至20℃时必须关闭通风口，使夜温维持在15℃～17℃。避免阴天浇水，浇水后及时通风排湿。发病后控制浇水或采用淋浇、滴灌，摘除病叶、病果，清洁田园，对染病株体高温沤肥或深埋，生产操作时防止整枝和蘸花传病，摘除花瓣和柱头等。

②药剂防治　蘸花稀释液里加50％多菌灵500倍液，或50％速克灵2000倍液，既可蘸花又可防病。发现病害用扑海因，或速克灵可湿性粉剂，或施佳乐对水喷雾。发病初期用70％甲基托布津可湿性粉剂1000倍液，或65％甲霉灵可湿性粉剂1000倍液，或50％多霉灵可湿性粉剂1000倍液，或50％利得可湿性粉剂800倍液，每隔7～10天喷1次，连续防治2～3次。也可每667平方米用45％百菌清烟雾剂250克傍晚熏棚。

73. 怎样防治番茄溃疡病？

（1）发病症状　幼苗期染病从叶片开始，由下向上逐渐萎蔫，叶柄或胚轴可见溃疡状凹陷斑，最终病株矮化或枯死。成株期染病，病菌在韧皮部和髓部扩展，发病初期下部叶片凋萎卷缩，似缺水状。维管束先变黑到后期腐烂，形成中空、茎下陷或干裂最后全株枯死。多雨高温时有菌脓从病茎或叶柄中溢出，形成白色污状物，染病的植株病菌由病茎扩展到果柄，进而造成果实皱缩畸形，果实染病后可见略隆起的白色圆点，中央为褐色木栓化突起，被称为“鸟眼斑”。

（2）防治方法

①种子消毒 一是温汤浸种，用 55℃温水浸种 20 分钟。二是干热消毒，70℃条件下将干种子处理 72 小时。三是药剂浸种，用 40%甲醛 150 倍液浸种 1～2 小时，或用 1%次氯酸钠溶液浸种 1～2 小时，或用链霉素 200 毫克/升浸种 30 分钟，或用 5%盐酸浸种 5～10 小时，洗净。

②药剂防治 田间发现病株，应及时拔除，并进行喷药防治，重点是根茎部，但茎、叶、果也不能遗漏。使用药剂可用 77%可杀得微粉剂 600 倍液，或 30%DT 杀菌剂 600 倍液灌根，或 47%加瑞农可湿性粉剂 500 倍液，或 30%DT（亨利）杀菌剂 50 倍液，也可用新植霉素或链霉素 2 000 倍液，或 72%农用链霉素或新植霉素可溶性粉剂 2 500～3 000 倍液喷雾或灌根。每株 300 毫升，每隔 10 天灌 1 次，连灌 3 次。灌根和植株喷药相结合。

74. 怎样预防番茄病毒病？

（1）发病症状 最常见的有 3 种类型，花叶型、蕨叶型和条斑型。

①花叶型 叶片上出现深浅不均的绿色病斑，黄绿相间的花叶，叶片凹凸不平，新叶变小，植株矮化。

②蕨叶型 上部叶片细长，形成蕨叶或线状，下部叶片卷曲，植株矮化。

③条斑型 茎、叶、果上均出现症状，表现为暗绿色至褐色坏死条斑，可导致一枝或整株枯萎死亡。

(2)防治方法

①抗病品种　选择适合当地条件的抗病品种。

②浸种　播种前种子消毒，可先用清水浸种3～4小时，再放入1%磷酸三钠溶液中浸种40～50分钟，捞出用清水冲净后催芽播种。

③合理轮作　与非茄科蔬菜进行3年以上的轮作。多施磷、钾肥，少施氮肥。

④药剂防治　苗期注意防治蚜虫；在发病初期，使用20%病毒A可湿性粉剂600倍液，或65%植病灵乳油1 000倍液等喷雾防治。使用阳光2号1 000倍液防治效果也很好。

75. 番茄的生理病害主要有哪些？应如何防治？

番茄果实的生理病害主要有下列几种。

(1)畸形果

①形成原因　畸形果产生的主要原因是：花芽分化及发育时期，遇到低温、多肥(特别是氮素营养过多)、水分及光照充足的条件下，生长点部位营养积累过多，正在发育的花芽细胞分裂过旺，心皮数目过多，开花后由于各心皮发育的不均衡，而形成多心室的畸形果。

②防治方法　要选用耐低温的品种，及时摘除畸形果，育苗期间温度不宜控制过低，水分及肥料必须调节适宜。

(2)番茄脐腐病

①发病症状与形成原因　果实顶部腐烂，变为黑褐色，组织被破坏、凹陷。遇湿度大时，其上出现黑色霉状物，病果提早变红，但无商品价值。发生的主要原因是缺钙。生育期间水分供应失常也能造成脐腐病。

②防治方法　酸性土壤应施用石灰调节。施肥时注意维

持土壤适宜浓度，不要施过量的化肥，增施有机肥，以改善土壤理化性质；尽量避免土壤温度过高及湿度的剧烈变化。坐果后，在易发生脐腐病的地块用0.4%～0.5%氯化钙溶液喷叶，或喷1%过磷酸钙，或0.1%硝酸钙及爱多收6 000倍液，从初花期开始，间隔半月1次，连喷2次以减轻病害。

(3)番茄空洞果

①*形成原因* 空洞果是果皮与果肉胶状物之间呈空洞的果实。空洞果发生的主要原因有2个方面：一是开花时遇到低温，不能正常受精，形成空洞果。二是使用生长刺激素时，由于浓度过高或于蕾期使用而形成空洞果。此外，光照不足，幼果期温度过高，后期营养跟不上及结果期浇水不当，也会出现空洞果。

②*防治方法* 在番茄开花期要严格控制温度，白天适宜温度为20℃～30℃，夜间为15℃～20℃。合理使用生长调节剂，即激素处理的方法与浓度要适宜。一般采用15～20毫克/升的防落素在开花期喷施，防止落花。激素处理后，要加强水肥管理。采用配方施肥技术，合理增施氮、磷、钾肥。

(4)僵 果

①*发病症状及形成原因* 果实坐住后，基本不发育，形成小如豆粒，大如拇指的僵化无籽的老小果实。发生的原因主要是温度过高或过低，授粉受精不良，光照不足，果实膨大所需的养分供应不上，或是许多外界条件和内在因素使果实不能吸收利用养分而出现症状。

②*防治方法* 一是进行人工辅助授粉。二是用番茄灵蘸花。据观察，严冬温室栽培，果实生长后期易产生僵果，特别是长期阴雪天气，光照弱，夜温高，白天叶片制造的养分少，而夜间消耗又大，也易形成僵果。遇到这种情况，可在夜间补充光

照，将夜温降至12℃～15℃，维持最低生长温度，减少消耗，以减少僵果。

(5)裂　果

①发病症状与形成原因　番茄果实在发育后期易发生裂果现象。裂果有的以果蒂为中心，呈同心圆状裂开，有的以果蒂为中心呈放射状裂开，也有不规则的侧面裂果和裂皮。裂果的生理原因是果实表皮缺乏弹性，抵御不住来自果实内部的较强膨压。特别是果实在膨大初期的高温强光及土壤干燥的条件下果肩部表皮老化，由于降雨或大量浇水，果实会迅速膨大而产生裂果。

②防治方法　选用抗裂品种。防止土壤干燥后骤湿。避免果实受强光直射。增施硼素肥料，增强果皮的可塑性。

(6)番茄日烧病

①形成原因　在高温季节或高温条件下，由于强光直射，果肩部分温度上升，部分组织灼伤、枯死，产生日烧病。

②防治方法　采用圆锥架或人字架，绑秧时将果穗调到架内叶荫处，及时适度整枝打杈，保证植株叶片繁茂，防止强光直射果实。同时，适当增施钾肥以增强其抗性。

(7)筋腐病

①发病症状　有2种类型，一种是褐变型。幼苗期开始发生，主要发生于第一和第二穗果，在果实肥大生长期，果面上出现局部褐变，果面凹凸不平，个别果实呈茶褐色变硬或出现坏死斑，剖开病果可见果皮里的维管束呈茶褐色条状坏死、果心变硬或果肉变褐，失去商品价值。另一种是白变型。主要发生在绿熟果转红期，其病症是果实着色不匀，发病轻的果形变化不大，重的靠胎座部位的果面呈绿色凸起状，其余转红部位稍凹陷，病部具蜡样光泽。剖开病果可见果肉呈"糠心"状，果

肉维管束组织呈黑褐色，轻的部分维管束变褐色，且变褐部位不变红，果肉硬化，品质差，食之淡而无味。

②*防治方法* 选用抗病品种，育苗、花芽分化期间最低温度要保持在13℃以上。重施基肥，重视磷、钾肥的使用。用0.5%～1%蔗糖加0.3%磷酸二氢钾进行叶面追肥防止此病的发生。

76. 怎样防治番茄春季秃尖苗和夏季芽枯病？

秃尖苗就是植株顶着一穗花，没有尖（正常的生长点）。多出现在冬春茬口。育苗期间，特别是当植株进入花芽分化以后，往往遇到长时间的低温、日照不足，尤其是地温低（12℃），造成根系弱小，不能正常吸收营养，光合产物积累不够，不可能同时进行生殖生长和营养生长。所以，侧芽停止生长，形成了秃尖苗。

防治时要创造良好条件，使幼苗健壮生长并能给自身提供足够的营养物质以保证花芽的正常分化、发育，选侧芽接替主轴的营养生长。一旦有秃尖苗的出现，应在定植前选苗。把秃尖苗集中定植，集中管理，提供良好的水肥条件促苗快速生长，选留合适的侧枝接替主轴生长，使侧枝生长3～5片叶后很快出现第二花序。除第二穗果稍晚熟外，对总产量影响不大。

芽枯病是一种生理病害，受气候影响较大，其中高温和干旱是发病的主要因素。症状表现为生长点生长明显受到抑制，呈球状，第一花序下叶片横向快速生长，枝叶肥大。

防治方法：一是采用遮阳网遮避强光。二是采用调控法，用920生长调节剂1克对水35升，对植株顶部快速均匀喷雾，治愈率可达95%以上。

77. 怎样防止高温和低温对番茄造成的伤害？

（1）高温伤害　番茄栽培特别是保护地栽培，常常由于通风不及时，使棚内温度超过 35℃以上而造成高温危害。高温危害的主要表现为生长点处着生小叶、卷叶，没有生长点或生长点丛生。老叶向下弯曲，呈卷叶症，叶脉间有水浸状斑点，叶色淡，叶为柳叶状。易落花落蕾，易引起变形果和空洞果。

保护地栽培要注意通风换气，以防高温危害，这种操作虽然比较简单，但实际生产上往往因注意不到而经常出问题。夏季采用傍晚小水勤浇的方法也可以降低地面温度从而降低气温。使用遮阳网可以降低棚内温度 2℃～3℃，减少高温伤害。

（2）番茄低温伤害症状　幼苗遇低温，子叶上举，叶背向上反卷，叶缘逐渐枯干或整个叶片枯死。长时间低温，使叶片暗绿无光泽，顶芽受冻，根系发育不良，造成落花或畸形果，果实不易着色成熟或色泽浅，严重时，茎叶干枯而死。

①发病条件　番茄在气温 13℃以下时不能正常坐果，夜间温度低于 15℃造成落花落果，气温低于 1℃易发生冻害，长时间低于 6℃植株将死亡。

②防止番茄出现低温伤害的方法　一是选用耐低温、耐弱光品种。二是正确确定播种期和定植期，选择寒尾暖头的晴天上午定植。三是培育壮苗，进行低温锻炼，增强植株抗寒能力，往往会收到良好的效果。四是喷施叶面肥，在低温逆境下，根系吸收能力差，叶面上喷光合微肥，可补充因根系吸收营养不足而造成的缺素症。五是采取临时加温，一般多用火道，电热线和小型水暖锅炉等手段补充热量。但不能明火熏烟，防止烟气熏苗。六是采用其他措施，如采用多层覆盖，电灯补光增温，后墙上张挂反光幕，中耕保温等。

78. 怎样防治茄子褐纹病?

(1)发病症状 该病主要危害茄子的茎、叶和果实。茎部感病初期呈水渍状病斑,之后病斑变成棱形或纺锤形,边缘深紫褐色,中间灰白色,上生许多深褐色小点(分生孢子器)。病斑多的情况下可连接成坏死区,绕茎一周,上部随之枯死,往往使皮层腐烂脱落,仅留下木质化的茎,遇风易被吹折。幼苗有时也会染病,茎基染病时,易出现立枯或猝倒。叶片染病初期着生白色小点,扩大后成近圆形病斑,边缘深褐,中央浅褐或灰白色,有轮纹,上面生长大量黑点。果实病斑呈褐色、圆形有凹陷,上生许多黑色小粒点,排列成轮纹状。病斑不断扩大可达整个果实。病果后期落地软腐、或留在枝秆上逐步脱水成僵果。

(2)防治方法 施足基肥,增施磷、钾肥。合理密植,及时排除积水,降低田间湿度。药剂防治:发病初期选用75%百菌清800倍液,或70%代森锰锌500倍液、70%甲基托布津800倍液喷雾,每隔5～7天喷1次,连续3～4次。

79. 怎样防治茄子绵疫病?

(1)发病症状 本病主要危害果实,引起大量烂果,发病初期,病斑呈水渍状和圆形,迅速扩展至整个果实。后期病斑呈褐色或暗褐色,果实逐渐收缩、变软,湿度大时病部长满绵毛状白色菌丝,最后病果腐烂或成为僵果。

(2)防治方法 一是选用抗病品种。二是采用高畦深沟整地,增施磷、钾肥,提高植株抗病能力,雨后及时排水。三是及时摘除底层老叶,发现病果及时摘除并深埋。四是用药剂防治。一般可保护果实,发病初期可选用75%百菌清可湿性粉剂 500～800 倍液，或 40%乙磷铝可湿性粉剂 200 倍液，或 25%甲霜灵可湿性粉剂 800 倍液，或 58%甲霜灵锰锌 500 倍液，或 72%普力克 700 倍液喷雾防治，每隔 7 天喷施 1 次，连续喷施 3～4 次。

80. 怎样防治茄子灰霉病？

(1)发病症状 该病主要危害小果和青果，也可危害叶片。受害叶片多从叶尖开始发病，然后向内呈"V"字形扩展。果实受害一般先侵染残留的花丝、花托，然后向果实和果柄发展，从而导致果皮变成灰白色软腐状，发病后期在果柄处长出大量灰白色霉层，最终果实失水僵化。

(2)防治方法 灰霉病菌极易产生抗药性，因此应加强管理，采用控制湿度与药剂防治相结合的防治措施。具体防治措施如下。

①清除病残体 发病初期经常检查，及时摘除病果、病叶等病残体，带到田外深埋或烧毁，减少侵染来源。

②加强通风管理 在保证温度要求的前提下增加通风时间，尽可能降低棚内湿度。

③生态防治 利用灰霉病菌孢子在 37℃下停止萌发的特点，发病初期，上午可晚通风，使棚温升高到 33℃，保持 2～3 个小时，下午提早闭棚，防止棚内夜温下降过低。

④药液蘸花 在防落素或番茄灵蘸花液中加入 0.1%速克灵或扑海因可湿性粉剂，或采用保果灵可湿性粉剂 500 倍液直接蘸花。

⑤药剂防治 可用 50%速克灵 1 000 倍液，或 50%扑海因 1 000 倍液，或 50%多菌灵 800 倍液，或 65%万霉灵 1 000 倍液喷洒防治。如遇低温连阴雨天气，为避免药剂喷洒增加棚

内湿度，加重病害发生，可在发病期每667平方米用10%速克灵烟剂250～300克于傍晚闭棚熏蒸。也可每667平方米用10%灰霉灵粉尘剂1千克，每隔5～7天施1次，连施2～3次。

81. 怎样防治茄子叶霉病？

(1)发病症状 主要危害茄子的茎和果实。叶片染病，出现边缘不明显的褪绿斑点，病斑背面长灰绿色霉层，致使叶片过早脱落。果实染病，病部呈黑色，革质，多从果柄蔓延下来，果实呈现白色斑块，成熟果实的病斑为黄色、下陷，后期逐渐变为黑色，最后果实成僵果。

(2)防治方法

①**种子消毒** 参见番茄叶霉病防治。

②**加强管理** 参见番茄叶霉病防治。

③**药剂防治** 发病初期可用40%百菌清可湿性粉剂500倍液，或10%世高2 000倍液，或47%加瑞农可湿性粉剂800～1 000倍液，或70%甲基托布津可湿性粉剂1 000倍液喷雾防治，也可每667平方米用40%百菌清烟剂300克熏烟防治。

82. 怎样防治茄子白粉病？

(1)发病症状 茄子白粉病主要危害叶片，发病初期叶片正背面产生白色近圆形小粉斑。白粉斑逐渐扩大连片，后期叶片布满白粉，变成灰白色，发病严重时导致整个叶片枯死。

(2)防治方法

①**种子消毒** 用50℃温水浸种30分钟或用15%粉锈宁可湿性粉剂拌种后再播种。

②设施消毒　每50立方米棚室空间用硫黄粉120克混拌木屑500克，装到火盆内，傍晚密闭棚室，暗火点燃，经熏蒸消毒后再种植。

③加强管理　合理密植。避免过量施用氮肥，增施磷、钾肥，防止徒长。注意通风透光，降低空气湿度。

④药剂防治　发病初期可施15%三唑酮可湿性粉剂1 500倍液，或75%百菌清可湿性粉剂600倍液，或2%农抗120水剂200倍液，或1%武夷菌素水剂200倍液，或50%翠贝干悬剂，或0.05%大蒜素乳油，或10%世高（思科）水分散粒剂，或40%多·硫悬浮剂500倍液，或50%多菌灵可湿性粉剂，或75%百菌清可湿性粉剂500～800倍液，或40%粉锈宁可湿性粉剂。

83. 茄子的生理病害主要有哪些？应如何防治？

（1）裂果　果实部分发生开裂称为裂果。严重的茄子裂果大多从花萼以下开始开裂，果实的果顶部和中腹部开裂的情况也多见。裂果在夏秋季的茄子栽培中出现较多。在白天高温、干燥，傍晚浇水的情况下极易发生。果实与枝叶摩擦，使果面受到损伤，浇水后果肉膨大，受损伤部分就很容易裂开。由于温室中热风炉的燃料燃烧不完全，产生的一氧化碳使果实膨大受到抑制时，果实的光泽会消失，如果给予过量的水分，虽然果实的果皮较硬也会出现裂果。合理供水可减少和避免裂果出现。

（2）僵　果

①发病症状　果实表面光泽消失，也称为无光果或呆果。发病轻的症状只表现在顶端或者在果实的某一面，发病重的整个果实全无光泽。开花后10天左右果实开始显著膨大时，

如果植株向果实中输送的水分不充足，果实的光泽会消失，果实的膨大受到抑制，容易形成灯泡形的劣果。

②防治方法　为使根系很好地吸收水分，土壤必须保存适当的含水量。4月份以后，温室中温度上升，水分的蒸发加剧，只浇少量水是不够的。土壤要求含有较多的腐殖质，才能有效提高保水力。注意保持根系的活力。果实过多会影响根的活力，地下水位上升也会使根的活力变弱。分布在地表的根系的活力常常由于土壤温度高低的变化而衰退。土壤中虽然有水分，但如果植株不能充分吸收水分，则容易发生无光泽果。阴雨天的翌日立刻转晴时要特别注意。阴雨天叶片的蒸腾很少，根吸水也少，急转晴天后温度上升蒸腾加快，根系失调，吸收的水分仍较少时，叶片就会出现缺水，引起叶片与果实争夺水分，就易产生无光泽果。出现这种情况时，早晨必须在叶面上喷水。

(3)果形异常　矮胖果、下部膨胀果，都是果形弯曲的劣果。茄子劣果与植株的营养状态有着密切的关系。使用不同种类的植物生长调节剂时，浓度要因温度和湿度而调整。土壤较干燥时用植物生长调节剂处理花朵会产生石果，土壤稍微干燥时用植物激素处理则容易产生矮胖果，在湿度适中或湿度较高时使用后的效果较好。肥料对果形有明显影响。在铵态氮过多的情况下，会产生矮胖形劣果，这多是由于果实膨大受到阻抑的缘故，切开果实可看到果顶部分变黑的现象，从外表看，与脐腐病的病果完全不同。在铵态氮过多的情况下，果实变黑是由缺钙引起的，钙不足时，也容易产生矮胖果。钾不足时果实膨大也会受到显著影响，因此要供给足够的钾。另外，一氧化氮也会使果实膨大受到抑制，严重的时候会产生石果，受害轻的也导致果形异常，要注意热风炉的使用，避免出现不完全燃烧。

84. 怎样防治甜椒疮痂病？

（1）发病症状　甜椒疮痂病又名甜椒细菌性斑点病，常造成大量落叶、落花、落果，对产量影响很大。幼苗、叶、花和果实均能发病，但以叶片发病较为普遍。幼苗发病时，子叶上出现白色小斑点，水渍状，后多形成暗褐色凹陷病斑。叶片发病，病斑初为水渍状，黄绿色。扩大后，病斑呈圆形或不规则形，边缘暗绿色，稍隆起，中央色淡稍凹陷，表面粗糙如疮痂状，病斑还可连成大型不规则斑块。严重时叶尖和叶缘变黄干枯，破裂，落叶。病斑沿叶脉发生，常使叶脉变得畸形。茎部发病初生水渍状不规则条斑，后相互连接，变褐色，木栓化，裂开呈疮痂状。果实上初为黑色或褐色小点，开始有水渍状晕环，空气潮湿时病部有菌脓溢出，干后形成一层分离的菌膜。

（2）防治方法

①轮作　有条件的菜田可与非茄科作物实行 3 年以上轮作。

②选用无病菌种子　从无病植株上生产用种。

③种子消毒　用 55℃恒温浸种 15 分钟或 30℃温水浸种 30 分钟。

④选用抗病品种　如中椒 7 号、朝研 11 号和京甜 3 号。

⑤药剂防治　从发病初期起喷洒下列农药（每隔 7～8 天喷 1 次，连喷 2～3 次）：72％农用链霉素可湿性粉剂 4 000 倍液，或 77％可杀得可湿性微粉剂 500 倍液，或新植霉素 4 000 倍液，或 14％络氨铜水剂 300 倍液，或 47％加瑞农可湿性粉剂 600 倍液，或 12％绿乳铜乳油 600 倍液，或 1∶1∶200 波尔多液，或 65％代森锌可湿性粉剂 500 倍液。

85. 怎样防治甜椒疫病？

(1)发病症状　苗期和成株期都可发病，以成株期受害最重。苗期主要在根和茎基部发病，茎基部呈水浸状，暗绿色，致使幼苗折倒，有时也呈立枯状死亡。成株期受害，多在茎基部和枝杈处发病，最初产生水浸状暗绿色病斑，以后扩展为长条形黑褐色斑，可绕茎一周。病斑部位皮层腐烂、缢缩，与周围健康组织分界明显。发病部位以上的叶片由下向上枯萎死亡。根系被侵染后变褐色，皮层腐烂，导致植株青枯死亡。受害叶片上病斑暗绿色，水渍状，呈圆形或不规则形，边缘不明显，迅速扩展后叶片枯缩脱落，出现秃枝。天气干燥时病斑变褐色而停止扩展。花、蕾受害后变黄褐色，腐烂脱落。果实多由蒂部首先发病，最初出现暗绿色水渍状病斑，稍凹陷，病斑扩展后，全果变褐软腐，脱落。病果表面可产生稀疏的白色霉状物。若天气干燥，病果干缩，多挂在枝梢上不脱落。

(2)防治方法　一是与非茄科作物轮作，栽培时采用高畦垄作。前茬收获后及时清洁田园，深翻土地。培育适龄壮苗，合理密植。暴雨后及时排水。二是选用抗病品种。三是种子消毒，先把种子用 52℃温水预浸 30 分钟，再用 1%硫酸铜溶液浸种 5 分钟，捞出后拌少量草木灰再播种。四是移栽时用 18%护根宝粉剂 300 倍液灌根，或用 50%甲霜铜 800 倍液，或 70%乙磷锰锌 500 倍液，或 58%甲霜灵锰锌 400～500 倍液，或 64%杀毒矾 500 倍液喷施植株茎基和地表进行预防，出现中心病株后，喷洒与浇灌并举。每 667 平方米撒 96%以上硫酸铜 3 千克后浇水，防治效果明显。

86. 怎样防治甜椒炭疽病?

(1)发病症状　主要危害果实和叶片,特别是成熟果实和衰老叶片受害重。果实发病初为水渍状黄褐色斑点,后为圆形或不规则形病斑,中央呈灰褐色隆起,具同心轮纹,上面密生黑色或橙红色小点。湿度大时,病斑表面溢出红色黏稠物。干燥时,干缩呈羊皮纸状,易破裂。叶片受害后,初为水渍状褪绿斑点,后发展为边缘褐色、中间灰褐色的圆形或不规则形病斑,后轮生小黑点。病叶易脱落。

(2)药剂防治　发病初期用80%炭疽福美可湿性粉剂800倍液,或50%施保功可湿性粉剂1 500倍液,或25%炭特灵可湿性粉剂500倍液,或70%甲基托布津可湿性粉剂600倍液,或70%代森锰锌可湿性粉剂400倍液喷雾。上述药剂应轮换使用,喷药间隔视药效长短而定,但需要连续喷洒防治。

87. 怎样防治甜椒软腐病?

(1)发病症状　主要危害果实。在甜椒结果中后期,由于受到虫伤或机械损伤,造成细菌侵入。初发病时,病果呈水渍状暗绿色斑,后变成暗褐色,致使果实软腐、发臭,果肉腐烂。病果多数脱落,少数留在枝上干枯呈白色僵果。

(2)防止方法　一是诱杀烟青虫。二是在甜椒生长中后期及时喷10%的氯氰菊酯乳油1 500倍液,防治烟青虫蛀蚀果实,以防病菌侵入。

雨前雨后及时喷洒77%可杀得可湿性粉剂500倍液。发病初期用47%加瑞农可湿性粉剂500～600倍液喷雾。保护地可用5%加瑞农粉尘剂每公顷15千克喷粉。

88. 怎样防治甜椒病毒病？

(1)发病症状　有3种表现。

①花叶型　叶片出现浓绿淡绿相间的花斑，幼苗萎缩，新叶略扭曲，成株不矮缩，新叶表现花斑。

②蕨叶型　叶片狭长呈线状，色淡卷曲，节间缩短。

③条纹型　叶、叶柄及茎上出现红褐色至黑褐色坏死条斑，病茎易折断，病果有坏死斑和畸形。

(2)防治方法

①选用抗病品种　一般辣椒比甜椒抗病，早熟种比晚熟种耐病。

②种子处理　用10%磷酸三钠溶液浸种20～30分钟，或用0.1%高锰酸钾浸种30分钟，洗净播种。

③加强栽培管理　实行2年以上轮作，消灭田边杂草，深耕晒土，增施磷、钾肥，合理密植。定植缓苗后和盛果期叶面喷施0.1%硫酸锌液2～3次可减少发病；及时消灭传毒蚜虫。

④药剂防治　发病初期喷施1.5%植病灵1 000倍液，或20%病毒A 500倍液，或18%抑毒星750～1 000倍液，或高锰酸钾1 000倍液。

89. 甜椒的生理病害主要有哪些？应如何防治？

(1)脐腐病的发生与防治　脐腐病也称蒂腐病、顶腐病，是一种生理性病害，主要由于水分供应失调而引起的。

①发病症状　发病初期，在甜椒果实顶端(残花部分)出现暗绿色、水渍状斑点。病斑组织皱缩、凹陷。病斑由于弱寄生菌的侵染，变成黑褐色，内部果肉也变黑，但仍较坚实。

②防治方法　一是采用地膜覆盖技术，保持土壤水分相

对稳定，避免水分流失以及钙素的淋失。二是在结果期保证水分的供应，适时浇水，时间要在早、晚温度较低时进行，不要在中午高温时操作。三是使用叶面追肥技术，在甜椒进入结果期时，喷洒1%过磷酸钙溶液，或0.1%氯化钙溶液，或0.1%硝酸钙溶液等，每隔7天左右喷1次，连续2～3次。

（2）日烧病的发生与防治

①发病症状　该病主要发生在果实的向阳面上，初期病果表皮呈灰色革状，表面变薄、皱缩，细胞组织坏死而变硬，好像被开水烫过一样。在潮湿的条件下，受腐生菌侵染，可长出灰黑色霉层而使病部腐烂。

②防治方法　发生日烧病的主要原因是太阳光过多照射到甜椒果实上，因此在防治措施上，主要是保持田间有适当的叶片指数，具体操作如下：一是加强田间管理，水肥合理搭配，促进甜椒根深、叶茂。二是采用遮阳网遮阳。三是在结果期遇高温天气时，在上午浇水，增加空气湿度，降低土壤温度，也可减轻日烧病的发生。四是与豇豆等高棵作物合理间作，利用高棵作物为甜椒遮阳。五是进行地膜或小拱棚覆盖栽培，使甜椒在高温季节到来之前，能够封垄。

90. 茄果类蔬菜的缺素症有哪些？各自的症状是什么？

（1）缺氮　氮是蛋白质的主要成分，是植物生命活动的基础。蔬菜缺氮时植株矮小，生长缓慢，茎短而细，多木质化。叶片小，叶色淡绿乃至黄色，自老叶向新叶逐渐黄化，叶片基部呈黄色，干枯后则呈浅褐色。茄果类还表现出花、果发育迟缓，异常早熟，种子少，籽粒轻等问题。但是缺氮症状常与低温影响的症状相似，而且温度偏低蔬菜对氮吸收也较慢，与缺氮后的表现一样。

（2）**缺磷** 缺磷症状没有缺氮那么明显，其特征是植株生长缓慢，矮小；叶色暗绿，无光泽，下部叶片变紫色或红褐色；花少，果少，果实迟熟；侧根生长不良，根菜类根不膨大；果菜类延迟结实和果实成熟延迟。番茄缺磷时叶脉呈紫红色，苗期常见，有人认为是低温缘故。其实番茄幼苗时对磷吸收很弱，即使土壤中磷含量较多，遇低温时也要影响磷的吸收，所以低温是造成番茄缺磷的直接原因。

（3）**缺钾** 缺钾时会引起蔬菜中碳水化合物的合成受阻，使细胞壁变薄，质地变软，易倒伏，抗寒、抗旱能力较差。表现的症状为老叶叶尖和边缘发黄，后变褐，叶片上常出现褐色斑点或斑块，但叶中部靠近叶脉处叶色常不变，严重时幼叶也表现同样症状。果菜类在生育初期不出现症状，而在果实膨大时才在老叶上出现症状。

（4）**缺钙** 蔬菜缺钙的症状是植株矮小，生长点萎缩，顶芽枯死，生长停止；幼叶卷曲，叶缘变褐色并逐渐死亡；根尖枯死，甚至腐烂，果实顶端亦出现凹陷、黑褐色坏死。蔬菜种类不同，其症状也有所差异。番茄、甜椒缺钙的典型症状是产生脐腐病。蔬菜缺钙常在地温过高、土壤缺水、土壤溶液浓度过高时发生，易引起钙在植物体内输送缓慢，因此在干旱时期，蔬菜要注意补充水分。土壤含钙低、土壤盐分含量高、过量施用氮肥，都会影响根系对钙的吸收而引起缺钙。

（5）**缺铁** 铁是形成叶绿素必需的营养元素之一。植株缺铁便会产生缺铁失绿症，从新叶片的最尖端表现出病症，顶芽和新叶黄白化，最初在叶脉间表现出部分失绿的症状，缺铁严重时仅在叶脉残留网状的绿色，以后全部呈黄白色，但不产生坏死的褐斑。

(6)缺硼 硼与蔬菜的生殖过程有密切关系，它可促进作物花粉的萌发和花粉管的生长。缺硼症状在茎与叶柄处表现，缺硼造成茎尖坏死，叶和叶柄脆弱易折断；茎、花蕾和肉质根的髓部变色坏死，折断后可见其中心部变黑。

(7)缺锌 锌会影响植物生长素的合成且与光合作用、呼吸作用有关。缺锌时顶芽不枯死，新叶产生黄斑，小叶呈丛生状，黄斑逐渐向全叶扩大。

(8)缺镁 镁是叶绿体的主要组成部分，植株缺镁会阻碍叶绿素的形成，导致叶色失绿。镁是蔬菜体内的可移动元素，因此缺镁症状首先出现在下部老叶上，先在老叶叶尖表现症状。继而叶片之内中脉附近的叶肉失绿黄化，并逐渐扩大到整个叶片上，而叶脉仍保持绿色，以后失绿部分逐渐由绿色变为黄色或白色。严重时叶脉间会出现褐色或紫红色坏死斑。

七、茄果类蔬菜保护地栽培的虫害防治技术

91. 茄果类蔬菜虫害无公害防治技术的要点是什么？

(1)蔬菜防虫网覆盖栽培 防虫网的主要作用是防虫，防暴雨冲蚀，防强风，防冰雹、冻害以及减少人工，节省投入等。防虫网在使用时应注意以下几点。

①合理选用 防虫网目数的增加，会使网内温度提高，通风透气性能降低。白色网较银灰色网和黑色网的网内温度高。银灰色具有避蚜作用。因此生产上建议选用25目银灰色网。

②采用适当覆盖方式 全网覆盖和网膜覆盖均有避虫、防病、增产等作用，但应根据气候的不同灵活运用。在高温、多雨的夏秋季节，应采用全网覆盖栽培。在春秋季节可采用网膜覆盖栽培。

③实行全程覆盖 防虫网遮光率小，夏秋季节覆盖栽培不会对蔬菜作物的光照造成影响。为切断害虫为害途径，整个生育时期都要进行防虫网覆盖，要先覆网后播种。盖网前进行土壤深翻。覆网时，防虫网的四周要压严压实，防止害虫潜入产卵。播种前要对土壤消毒，杀死残留在土壤中的害虫和虫卵。

④加强田间管理 要施足基肥并进行多次追肥；浇水采用沟灌方式，以降低地温，有条件的地方最好采用微型喷灌；尽量减少入网操作次数，进出网时要及时拉网盖棚，不给害虫

入侵机会。要经常巡视田间，及时摘除挂在网上或田间的害虫卵块，检查网、膜有否破损，有破损要及时修补。遇晴热高温天气，不管采用何种覆盖方式，都要采用遮阳、灌水等降温措施。

（2）利用害虫对颜色的趋性进行诱杀

①黄板诱杀　黄色黏虫板杀虫技术是利用昆虫的趋黄性诱杀农业害虫的一种物理防治技术，可诱杀蚜虫、白粉虱、斑潜蝇等小型害虫。黄板诱杀绿色环保，成本低。全年应用黄板诱杀设施内漏网的害虫，可大大减少用药次数，可使蚜虫的虫口密度降低20%～40%，每茬减少用药5～8次。把防虫网与黄板同时应用于设施蔬菜无公害生产，防虫网夏季全天候覆盖，冬、春、秋封闭通风口和门，效果显著。

将木板、塑料板或硬纸箱板等材料涂成黄色后，再涂一层黄油或机油即可。将黄板悬挂在温室、大棚风口、走道和行间，高度比植株稍高，太高或太低效果均较差。为保证黄板的黏着性，需1周左右重新涂1次。在日光温室内1.5～1.8米高处，每667平方米悬挂50厘米×50厘米或50厘米×70厘米的自制黄板20～25块。

②蓝板诱杀　利用蓟马对蓝色的趋性，使用蓝板对其进行诱杀。

（3）利用害虫对某些物质的趋性进行诱杀　可以用糖醋液诱杀春季地老虎等地下害虫；用性信息素诱杀小菜蛾、斜纹夜蛾、甜菜夜蛾等；用杨树枝诱杀棉铃虫；用棕榈叶诱杀蜗牛等。

（4）利用害虫趋光性进行诱杀　目前最常用的是频振式杀虫灯，运用光、波、色、味4种诱杀方法杀灭害虫，降低田间落卵量，压缩害虫基数，从而起到控制其为害蔬菜的目的。高压汞灯诱杀可用于对多种趋光性害虫的防治，如玉米螟、棉铃虫等大害虫，还有蝼蛄、金龟子、叶甲和多种蛾类。

(5)保护和利用天敌，控制害虫为害 蔬菜害虫的天敌众多，有瓢虫、草蛉、食蚜蝇、猎蝽、蜘蛛等捕食性天敌，有赤眼蜂、丽蚜小蜂等寄生性天敌。瓢虫可防治蚜虫、红蜘蛛等害虫；草蛉可防治蚜虫、白粉虱、蓟马等害虫；丽蚜小蜂可防治白粉虱、小菜蛾等；六索线虫可防治地老虎等，都可起到独特的防治效果。

(6)用生物农药防治 生物农药具有高效低毒的特点，主要有微生物、农用抗生素、植物源农药和昆虫生长调节剂4大类。微生物农药防治，如用苏云金杆菌防治菜青虫，乳状菌、卵孢白僵菌防治蛴螬，棉铃虫多角体病毒防治棉铃虫等。抗生素防治，如阿维菌素防治斑潜蝇、小菜蛾、叶螨等。植物源农药，如卡死克、苦参碱、印楝素等；昆虫生长调节剂防治：如灭幼脲防治害虫。

92. 怎样防治蚜虫？

为害茄果类蔬菜的蚜虫主要是瓜蚜，成虫和若虫在叶背面和嫩梢、嫩茎上吸食汁液。

(1)为害症状 嫩叶和生长点被害后，叶片卷缩，生长停滞，甚至全株萎蔫死亡；老叶受害时不卷缩，但会提前干枯。

(2)防治方法

①**设防虫网** 在棚室通风口用20～30目网纱密封，阻止蚜虫迁入。

②**铺设避蚜膜** 利用银灰色对蚜虫的趋避作用，在地面铺银灰色地膜，或将银灰膜剪成10～15厘米宽的膜条，挂在棚室通风口处起到避蚜作用。

③**黄板诱杀** 利用蚜虫的趋黄性，使用黄板诱杀。在20

厘米×20 厘米纸板上涂上黄色油漆，同时涂一层机油，挂在高出植株顶部的行间，每 667 平方米挂 30～40 块。当黄板黏满蚜虫时，再涂 1 遍机油，一般每隔 7～10 天重涂 1 次。

④栽培防治　清洁田园，种前对棚室熏蒸，培育无虫苗。韭菜挥发的气味对蚜虫有趋避作用，可与番茄、茄子等蔬菜搭配种植，能降低蚜虫的密度，减轻蚜虫危害。

⑤植物灭蚜　应用几种植物的叶片可杀灭蚜虫。一是将烟草磨成细粉，加入少量的石灰粉，撒施。二是用水将辣椒叶或野蒿浸泡 24 小时，过滤后喷洒。三是将蓖麻叶粉碎后撒施，或与水按 1∶2 浸泡，煮 10 分钟后过滤喷洒。四是将桃叶于水中浸泡 24 小时，加入少量的生石灰，过滤后喷洒。

⑥药剂防治　发虫初期喷药，使用 20%的速灭杀丁乳油 2 000 倍液，或 2.5%溴氰菊酯乳油 2 000～3 000 倍液，或 25%扑虱灵可湿性粉剂 1 500 倍液，或 2.5%天王星乳油 2 000～3 000 倍液，或 2.5%功夫乳油 2 000～3 000 倍液，或 20%灭扫利乳油 2 000～3 000 倍液，或 10%吡虫啉可湿性粉剂 1 500 倍液喷雾。每隔 7～10 天喷 1 次。

在定植时施用根用缓释农药，每株 1 粒可以在整个生育期预防蚜虫。防治蚜虫时每 667 平方米需要施用 0.5%缓释农药颗粒剂 2 千克，防治效果达 95%以上。

93. 棉铃虫和烟青虫的为害症状是什么？如何防治？

(1)为害特点与生活习性　为害茄果类的钻心虫，主要是棉铃虫和烟青虫。三龄前幼虫蛀食花蕾，嫩茎嫩叶，三龄后钻蛀果实，幼虫全身蛀入果内，果表仅留 1 个蛀孔(虫眼)，害虫在果内取食果肉和胎座，残留果皮。果内积满虫粪和蜕皮，遇雨水，病果腐烂落果。每虫转果3～8个，并蛀茎为害。该虫喜温喜湿，温度25℃～28℃、空气相对湿度75%～90%时，最适幼虫发育，在多雨夏季及棚室发生最重。

(2)防治方法

①农业综合防治　清洁田园，冬翻冬灌，及时打杈，摘除虫叶、虫果等。每3.3公顷设黑光灯1盏，下置水盆(或药水)诱杀成虫。也可用性诱剂、糖醋液、频振灯、杨树枝把等诱杀成虫。

②药剂防治　化学防治应在幼虫孵化高峰至二龄期施药，将幼虫消灭在蛀果之前。药剂可选用天王星乳油3 000倍液，或1%阿维虫清乳油2 000～3 000倍液，或90%敌百虫晶体800～1 000倍液，或40.7%乐斯本乳油1 000～1 500倍液，或50%辛硫磷乳油1 000倍液，或2.5%功夫乳油5 000倍液，或20%灭扫利(甲氰菊酯)乳油4 000～6 000倍液。

使用生物农药防治。在产卵高峰期，喷施生物农药，如Bt乳剂、或复方Bt乳剂、或杀螟杆菌各500～800倍液，或生物复合病毒杀虫剂Ⅰ型1 000～1 500倍液，对低龄幼虫有较好的防治效果。

94. 斑潜蝇的为害症状是什么？如何防治？

美洲斑潜蝇是一种为害广而严重的检疫性害虫，分布广、传播快、防治难。

(1)为害症状　成虫吸食叶片汁液，造成近圆形刻点状凹陷。幼虫在叶片的上下表皮之间蛀食，造成弯弯曲曲的隧道，隧道相互交叉，逐渐连成一片，导致叶片光合能力锐减，过早脱落或枯死。

(2)防治方法　保护地风口用防虫网封闭，防止成虫飞入。美洲斑潜蝇具有趋黄性，可以在保护地中放置黄板进行诱杀，每 667 平方米放置 20～25 块。蔬菜种植前彻底清除菜田内外残株败叶并集中销毁，减少虫源。换茬时用硫黄、敌敌畏熏棚。药剂防治采用 20%吡虫啉 1 500 倍液，或 1.8%阿维菌素乳油 2 500 倍液，或 10%高效氯氰菊酯 2 000 倍液，或 20%菊马乳油 2 000 倍液，或 21%灭杀毙乳油 3 000 倍液，再加入等量的增效剂防治，每隔 3～5 天喷 1 次，连喷 2～3 次。

95. 红蜘蛛和茶黄螨的为害症状是什么？如何防治？

(1)红蜘蛛为害及防治

①为害症状　在高温干燥的条件下发生严重（发育适温为 21℃～30℃），温度超过 30℃、相对湿度大于 70%的条件下不利发生。其为害方式是在叶背面以刺吸式口器吸食汁液，并结成丝网，使受害叶片褪绿，出现白色小点，然后叶片干枯。一般先为害下部叶片，继而自下而上蔓延。

②防治方法　及时摘除下部老叶，并带出棚外烧毁。调节棚内温、湿度，创造高温、高湿的环境，及时浇水，以抑制其蔓延。药剂防治可用 1.8%农克螨乳油 2 000 倍液，或 20%螨克乳油 2 000 倍液，每隔 7～10 天喷 1 次，连喷 2～3 次。

(2)茶黄螨为害及防治

①为害症状　以成螨和若螨吸食植株汁液，造成危害，高温干旱时容易发生。茶黄螨最喜为害植株中上部的幼嫩部分，成螨和幼螨多集中在生长点、幼嫩茎、初生花蕾、幼果、叶柄、花柄和叶背等处，刺吸汁液造成幼嫩部分变色、畸形。生长点受害后，生长缓慢，严重时使植株顶部秃尖、干枯；受害嫩茎、嫩枝变黄褐色，扭曲畸形；花、蕾、幼果受害，易落花落果；果实

受害，果柄、果皮变成黄褐色、丧失光泽、木栓化；受害叶片背面黄褐色或灰褐色，具油脂色或油浸状，叶片边缘向下卷曲。受害严重时辣椒造成落叶、落花、落果；茄果受害严重者果皮龟裂，成开花馒头状，种子裸露，失去商品性；番茄受害，叶片变窄，僵硬直立，皱缩、扭曲、畸形。辣椒和番茄受害症状酷似病毒病，茄子受害后易误诊为生理性病害。

②**防治方法**　清除田间杂草和残株落叶，消灭虫源，加强田间管理，增施磷、钾肥，干旱时注意浇水。发生初期及时施药控制，可选用73%克螨特2 000倍液，或10%施螨净2 000～3 000倍液，或6.5%蚧螨双杀1 000倍液，或70%瑞泽螨特2 000～3 000倍液，或20%灭扫利3 000～5 000倍液喷雾。

96. 如何防治白粉虱？

（1）为害症状　白粉虱成虫和若虫一起刺吸番茄汁液，分泌汁液诱发煤污病，使叶黄萎，果面黏黑。通过传毒，造成的危害严重。温室温度为22℃～30℃时成虫最活跃，温度低于17℃时成虫停止活动。该虫具有趋黄、趋光和趋嫩习性。

（2）防治方法

①**设防虫网**　在棚室通风口用20～30目网纱密封，阻止白粉虱迁入。

②**黄板诱杀**　利用白粉虱的趋黄性，使用黄板诱杀。在10厘米×20厘米纸板上涂上黄色油漆，同时涂一层机油，挂在高出植株顶部的行间，每667平方米挂30～40块。当黄板黏满白粉虱时，再涂1遍机油，一般每隔7～10天重涂1次。

③**栽培防治**　清洁田园，种前对棚室熏蒸，培育无虫苗。

④**药剂防治**　发虫初期喷药，使用20%速灭杀丁乳油2 000倍液，或2.5%溴氰菊酯乳油2 000～3 000倍液，或

25%扑虱灵可湿性粉剂1 500倍液，或2.5%天王星乳油，或2.5%功夫乳油，或20%灭扫利乳油2 000～3 000倍液。每隔7～10天喷1次。

定植时施用根用缓释农药，每株1粒可以在整个生育期预防白粉虱。防治白粉虱时每667平方米需要施用4千克，防治效果达85%。根用缓释农药颗粒选用的是高效、低毒农药，一般在蔬菜采收期前15天左右农药活性成分基本释放完毕，无残留和毒副作用。

97. 如何防治蛴螬？

蛴螬是金龟子的幼虫，俗名白土蚕、白地蚕，是多食性害虫。

(1)为害症状 咬断幼苗根、茎，造成枯死苗；啃食块根、块茎、影响产量品质。

(2)防治方法

第一，药剂拌种。这是防治地下害虫经济、简便、有效的措施。用50%辛硫磷乳油10克加水50～100毫升，拌种子0.5～1千克，可有效地防治蛴螬和其他地下害虫为害。

第二，土壤处理。每667平方米用50%辛硫磷乳油加细土25～30千克(将药液加10倍水稀释，均匀地拌于细土内)，顺垄条施，撒后随即浅锄，如能结合浇水或雨前施下，效果更佳。也可将药液直接加水1 000～1 500升，顺垄浇灌，随后浅锄，以减少光解失效。

第三，药剂防治金龟子。在金龟子喜欢取食的杨树、榆树、桑树上喷洒乐果等杀虫剂或在高树干1.5米处刮去粗皮涂40%氧化乐果加1倍水的溶液能有效地杀灭金龟子，减轻蛴螬的虫口密度。

第四,黑光灯诱杀金龟子。有条件的地方,可每3.3公顷农田设置1台黑光灯诱集金龟子,也可同时诱杀其他害虫,如采用黑绿单管双光灯(发出一半绿光,一半黑光)或黑绿双管灯(同一灯装黑光和绿光两只灯管)效果更好。

第五,农业防治法。冬季深耕深耙,消灭越冬虫,减少来年虫源。在长年蛴螬发生严重的田间、地埂种植蓖麻,可驱避和毒杀金龟子。

第六,生物防治。蛴螬的天敌有步行甲、隐翅甲、鼹鼠和鸟类等,应保护利用,也可选用卵孢白僵菌和乳状菌等微生物农药防治蛴螬。

98. 如何防治地老虎?

(1)为害症状 地老虎可为害多种蔬菜,主要对蔬菜幼苗造成危害。地老虎喜欢温暖湿润的环境条件,取食蔬菜植株的幼嫩部位,咬食根部和嫩茎,还可钻入果实、叶球和地下根茎内为害,并排出粪便,影响商品质量。

(2)防治方法

第一,农业防治。早春铲除田间杂草,减少其产卵场所和食料来源。春耕多耙,秋、冬深翻,破坏其越冬场所。

第二,诱杀成虫。利用成虫的趋光性、趋化性开展诱杀。应用频振式诱蛾杀虫灯诱杀。春季使用糖醋液诱杀成虫,按糖、醋、酒、水的比例为6∶3∶1∶10,再加入少量敌百虫配成诱液,将诱液放进盆内,傍晚时放在田间,盆离地面约1米,第二天上午收回。

第三,毒饵诱杀幼虫。幼虫期用90%敌百虫400倍液与鲜菜叶拌匀,撒施田间。

第四,药剂防治。地老虎在幼虫期抗药性差,选用2.5%

敌百虫粉剂，每 667 平方米地用 1.5～2 千克药粉加入 10 千克细土制成毒土拌匀后撒在植株周围，再用 2.5%功夫乳油 2 000 倍液于早晚田间进行灌根或喷雾防治，效果更好。

99. 如何防治蝼蛄？

蝼蛄昼伏夜出，是一种杂食害虫。

(1)为害症状 其活动时，常可在地面见到穿成的隧道。在土中咬食萌动的种子，或咬断幼苗的根茎，呈丝麻状。施未腐熟粪肥的地块受蝼蛄危害严重。

(2)防治方法

第一，毒饵诱杀。5 千克麦麸炒香后与 90%敌百虫晶体 150 克加水将毒饵拌潮，每 667 平方米施 1.5～2.5 千克，撒在地里或苗床上诱杀蝼蛄。

第二，地面喷药。在晴天傍晚，按每 667 平方米用敌杀死 10 毫升对水 60 升均匀喷施土表。因夜晚气温下降，土壤及幼苗均为湿润状态，能保证药效。

100. 如何防治根结线虫病？

根结线虫病是蔬菜的毁灭性病害，其危害日趋严重，可在个别棚室造成毁灭性损失，根结线虫大多分布在 30 厘米深的土层内，其中以 5～30 厘米深度内的耕作层土壤中根结线虫数量最多。一般在地势高、干燥、疏松透气、盐分低的土壤最适于线虫存活。

(1)为害症状 主要为害根部，在侧根和须根上形成大小不等的瘤状根结(瘿瘤)。根结初为白色、质地柔软，后变为浅黄褐色或深褐色，表面粗糙，有时龟裂。剖开根结或肿大根体，可见白色梨形雌虫。发病轻的植株生长缓慢，叶片较小，叶色发黄,似缺肥、缺水状。发病重的植株矮小,长势衰弱,结果不良,遇高温干燥天气,中午萎蔫,后期植株枯死。

(2)防治方法

①农业防治　增施腐熟的厩肥、河泥等有机肥,搞好田园卫生,收获后清除病根残体和田间杂草。菜地休闲时浇水或深翻晒土,把表土翻至20厘米以下,可减轻危害。

②保护地土壤消毒　棚室盛夏进行热力消毒,在夏季高温季节利用太阳能消毒,将稻草或麦秸切成4～6厘米长小段,每667平方米用1 000～2 000千克与石灰氮100千克掺匀耕翻,做成多个小畦后浇大水使土壤水分接近饱和状态,覆盖透明塑料膜,并封闭棚室。保持地下20厘米处地温在45℃20天以上,可基本杀死土壤中的病菌和线虫,并改善土壤理化性状。大型连栋式温室夏季休闲时进行蒸汽消毒,耕地后埋好蒸汽管,并覆盖厚塑料布,送进高压蒸汽,使20厘米地温达60℃,保持30分钟,杀灭线虫效果好。

③药剂防治　每平方米使用20%安棉特乳油1～2毫升,或1.8%爱福丁乳油1～2毫升,也可每667平方米使用线净颗粒剂1.5～3千克,或5%土线散颗粒剂3千克。